超级大课堂
CHAOJI DAKETANG

畅销版
课外阅读系列

天空不神秘
TIANKONG BU SHENMI

知识达人 编著

U0208637

成都地图出版社

图书在版编目（CIP）数据

天空不神秘 / 知识达人编著 . — 成都：成都地图
出版社，2017.1（2022.5 重印）
（超级大课堂）
ISBN 978-7-5557-0098-2

Ⅰ.①天… Ⅱ.①知… Ⅲ.①天文学－青少年读物
Ⅳ.① P1-49

中国版本图书馆 CIP 数据核字 (2016) 第 080335 号

超级大课堂——天空不神秘

责任编辑：马红文
封面设计：纸上魔方

出版发行	成都地图出版社
地　　址	成都市龙泉驿区建设路 2 号
邮政编码	610100
电　　话	028－84884826（营销部）
传　　真	028－84884820

印　　刷　三河市人民印务有限公司
（如发现印装质量问题，影响阅读，请与印刷厂商联系调换）

开　　本：710mm×1000mm　1/16			
印　　张：8		字　　数：160 千字	
版　　次：2017 年 1 月第 1 版		印　　次：2022 年 5 月第 5 次印刷	
书　　号：ISBN 978-7-5557-0098-2			
定　　价：38.00 元			

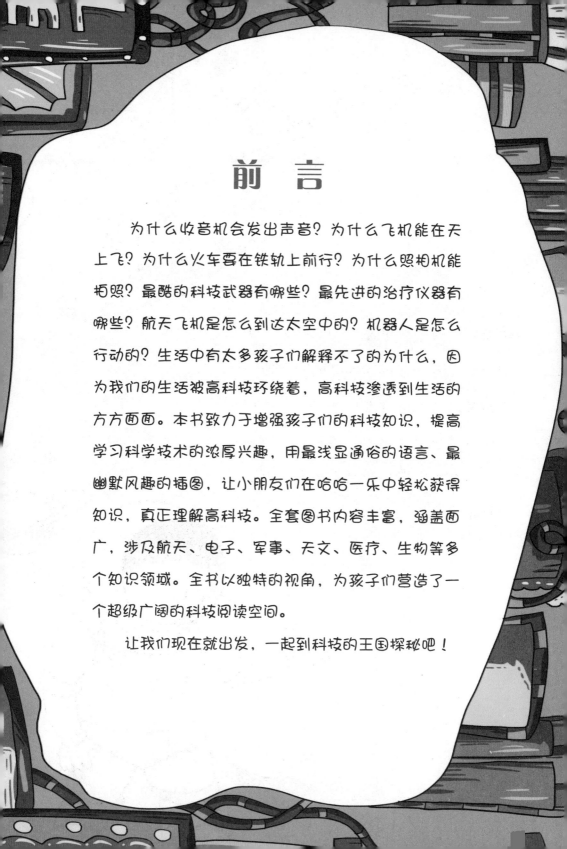

前 言

　　为什么收音机会发出声音？为什么飞机能在天上飞？为什么火车要在铁轨上前行？为什么照相机能拍照？最酷的科技武器有哪些？最先进的治疗仪器有哪些？航天飞机是怎么到达太空中的？机器人是怎么行动的？生活中有太多孩子们解释不了的为什么，因为我们的生活被高科技环绕着，高科技渗透到生活的方方面面。本书致力于增强孩子们的科技知识，提高学习科学技术的浓厚兴趣，用最浅显通俗的语言、最幽默风趣的插图，让小朋友们在哈哈一乐中轻松获得知识，真正理解高科技。全套图书内容丰富，涵盖面广，涉及航天、电子、军事、天文、医疗、生物等多个知识领域。全书以独特的视角，为孩子们营造了一个超级广阔的科技阅读空间。

　　让我们现在就出发，一起到科技的王国探秘吧！

目录

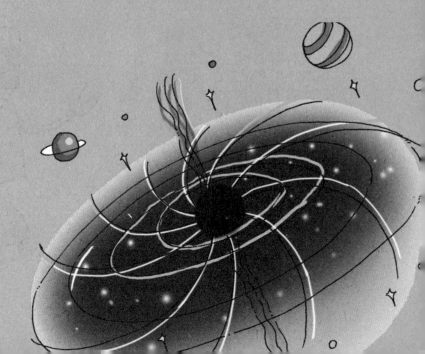

牛郎星和织女星
果真能相会吗?

你听说过牛郎和织女的故事吗? 传说,牛郎是人间的普通农夫,而织女是西天王母娘娘最喜欢的小女儿。有一次,织女因为耐不

1

住天宫的寂寞，私自下凡玩耍，从此与牛郎结下了不解之缘。于是，她违背天庭的律法，私自下凡与牛郎结为夫妻，并生下了一儿一女。玉皇大帝得知此事后，大为震怒，派了很多天兵天将把织女捉了回去。牛郎挑着担子，担子的一头儿坐着儿子，另一头儿坐着女儿，在后面飞快地追赶，眼看就要追上了，王母娘娘从头上拔下碧玉簪，在牛郎和织女之间轻轻一划，两人之间立刻出现了一条波涛汹涌的大河，把他们俩隔开了。然而，牛郎和织女的爱情感动了天上的神鹊，于是，每年的农历七月初七那天，神鹊就会飞到天河上空，架起一座鹊桥，让牛郎和织女能相会。

　　我国古代伟大的神话故事总是具有令人震撼的巨大魅力，我们都希望牛郎和织女能够永远在一起，哪怕是每年只见一次面。然而，传说毕竟是传说。科学家们的观测结果告诉我们一个不争的事实：虽然牛郎和织女的爱情故事凄美动人，但是从科学上说，他们想要每年见一次面也是不可能的。

　　　　　　　观测结果显示，织女星距离地球约26光年，而牛郎星

　　则距离地球16光年左右，织女星和牛郎星相距14光年以上。也就是说，哪怕以目前世界上最快的速度——光速飞行，从牛郎星到织女星也需要14年的时间。看来，牛郎和织女想要见上一面实在是太难了，竟然要等14年之久——王母娘娘太狠心了，竟舍得让自己的小女儿忍受如此煎熬。

　　不过，神话终归是神话，牛郎星和织女星只不过是人们给银河系中的两颗恒星取的名字罢了，它们上面根本就不存在任何生命，是两颗与太阳很类似的炽热的恒星。织女星表面的温度大约是9000摄氏度，比太阳表面的温度还要高出3000摄氏度，小朋友们，你们知道3000摄氏度是什么概念吗？我们平时喝的白开水，是加热到100摄氏度才沸腾的，可想而知3000摄氏度得有多热了。牛郎星表面的温度也有7000摄氏度，比太阳的表面温度高出1000摄氏度左右。

天文学家预测，随着天体的运动，斗转星移，特别是随着地轴倾斜角度的变化，到公元14000年时，我们所看到的织女星就不再在现在的位置了，它将正好位于地球北极的上空，成为另一颗明亮的北极星。

　　我国汉代的古诗中，有句诗是这样的："盈盈一水间，脉脉不得语。"意思就是织女坐在纺车旁织布，心里想着牛郎，但却只能望着眼前不可逾越的天河默默落泪。

　　牛郎星和织女星是不能年年相遇了，我们只能真心地祝愿他们在神话故事中过得幸福安好。小朋友们，你们是不是也是这样想的呢？

光年

光年不是一个时间单位,而是代表光在一年的时间内所走过的距离。大家都知道,光速是世界上已知的最快的速度,光在一年之内所走过的距离长得超出我们的想象。光速大约是每秒30万千米,那么,小朋友们算算看,光在一年内走过的距离是多少呢?是不是长得超出了你的想象?

金牛星

在牛郎和织女的神话故事中,还有一个十分重要的角色,就是牛郎养的那头牛。传说,牛郎曾经是天上的牵牛星,因为触犯了天庭的律法,被贬到凡间。而老牛呢,则是天上的金牛星,是一位惩恶扬善的正直星君,因为他对王母囚禁织女在天宫织锦感到愤愤不平而惹恼了王母,被打下凡尘,和牛郎相依为命。最后老牛死去,牛郎披着老牛的牛皮飞上天去追织女。如果不是有老牛的帮忙,牛郎又怎么能飞上天去追天上的神仙呢?

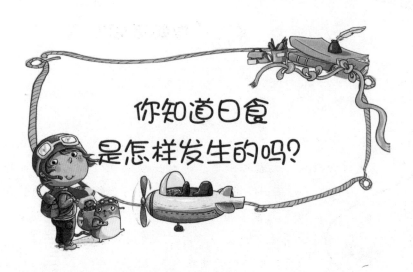

你知道日食是怎样发生的吗？

小朋友们，你们有没有想过，如果有一天太阳消失了，地球会不会沉浸在一片黑暗之中？这会给我们的日常生活带来哪些影响呢？对大自然又会有什么影响呢？如果没有太阳给我们提供能量，地球上的很多资源将会被消耗得更快，植物也将因为不能进行光合作用而停止生长，甚至死

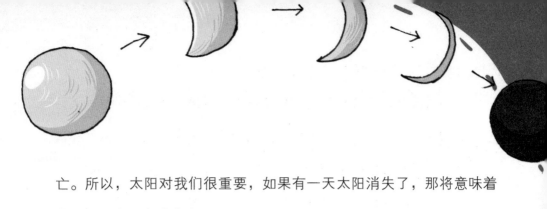

亡。所以，太阳对我们很重要，如果有一天太阳消失了，那将意味着有一场很大的灾难发生。

关于太阳会不会永远消失这个问题，我们暂且不考虑，谁也不知道这个问题的准确答案。但是，太阳偶然消失一小会儿，地球便也随之昏暗片刻。其实，这就是日食的发生。

日食是自然界最壮观的天象之一。在古代，由于人们对天文知识的缺乏，每当发生日食现象的时候，人们就会以为是人类又做了什么错事，让天上的神仙生气了，所以在古代人们是非常惧怕日食现象发生的。民间也有很多关于日食的传说，很多都认为是太阳被天上的神兽吞食了。在中国，这种神兽被叫作天狗，越南人说是青蛙，古印度和加勒比海沿岸的土著人则认为是巨龙。在古希腊还有一种说法是太

阳抛弃了地球去照射别的星球了。

因为对天文知识的缺乏，在日食发生的时候，还闹出过很多笑话呢！我国古代有两个占星官因为没能及时预报日食，被君主判为失职而导致没能提前准备好弓箭和锣鼓来吓走"天狗"，差点丢了性命。另外，北美的人们还以为发生日食是因为天火被盗了，他们朝天空射出无数带火的弓箭企图重新点燃太阳呢！虽然古代人不懂日食而闹了很多笑话，但他们对这一现象所做的详细记录是今天珍贵的资料。利用现代科学技术，我们已经能够准确地预测日全食发生的时间，并且误差不会超过1秒。

小朋友们，你们知道日食是怎样发生的吗？让我们一起看个究竟吧！

日食是月球运动到地球和太阳中间时发生的自然天象。这时候因为月球处在地球和太阳中间，所以太阳射向地球的光有一部分会被月球遮挡住，地球上自然会有一部分人感受不到太阳的光芒了。日食分为日偏食、日全食和日环食。小朋友们可能会觉得日食很好玩儿，但在观测日食的时候，我们不能直盯盯地看着太阳，否则眼睛会很酸，重者还会导致失明哦!

日食现象的发生需要两个基本条件：一是农历初一，但并不是每个农历初一都会有日食发生；二是月球运动到地球和太阳中间，此时太阳射向地球的光才能被月球遮挡。地球上有些地方的人们看到的太阳只有一小半，就像月牙一样，弯弯的，这是日偏食；有些地方的人们看到的太阳只剩下一个发亮的圈，像一个手镯一样，那是日环食；有些地方的人们则完全看不到太阳的影子，处在一片黑暗中，就好像太阳消失了一样，这是最为壮观的日全食。

无论是日全食、日环食，还是日偏食，它们持续的时间都是很短的。根据记录，发生日全食的时间最长的一次是7分31秒，发生日环食

的时间最长的一次也不过12分24秒。并且，这种少见的自然天象也只有少数地区的人们能观察到。因为月球相对于太阳来说体积很小，所以月球所能遮挡住的地球的面积也不大，就整个地球而言，日环食发生的次数要多于日全食。

鉴于日食现象发生的时间很短，曾经有一位法国的天文爱好者为了延长观测日全食的时间，乘坐过超音速飞机去追赶月亮的影子，这样他呆在月亮阴影中的时间就大大延长了，让他对日食的观测时间达到了74分钟。

在我国，很早就有了关于日食的记录。如果你以后有机会观察日食现象，就一定要仔细观察，不要错过这难得一见的天象哦！

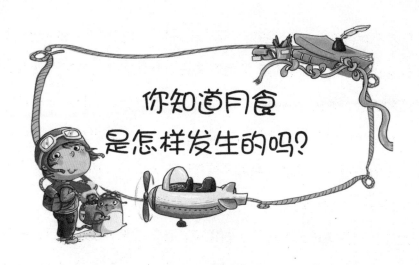

你知道月食
是怎样发生的吗？

小朋友们，前面我们介绍了日食发生的原理，既然太阳可能被遮挡住，那么，月亮有没有可能也被遮挡住呢？

小时候，大人们可能给你们讲过"天狗食月"的故事。传说，古时候有一位叫目连的公子，生性非常善良孝顺。目连的母亲是天上的一位娘娘，她非常狠毒，经常做一些恶毒的事情。

有一回，目连的母亲想了一个坏主意。她听说和尚都是吃斋念佛

的，根本不舍得杀生，更别说吃荤了，于是她故意吩咐下人做了360个狗肉馒头送到寺院，却告诉那里的方丈说这是素馒头。方丈还连连感谢目连的母亲，说她为人善良，以后一定会有好报的。目连知道这件事后，赶紧跑到寺院，把这件事告诉了方丈，方丈只好给每个和尚都发了一个素面馒头，当着目连母亲的面吃下去。目连的母亲看着和尚们吃了馒头，拍手大笑道："和尚开荤了！"

后来，这件事被天上的玉帝知道了，玉帝大怒，下令把目连的母亲打进了十八层地狱，并把她变成了一只恶狗。尽管母亲犯了如此大的错误，但目连是个孝顺的孩子，他为了救自己的母亲，日夜修炼，终于成了地藏菩萨。他闯进地狱救出了母亲，但同时也放出了同在地狱里的妖怪。

目连的母亲十分痛恨玉帝，就跑到天庭去找玉帝算账，但是玉帝不想见她。于是她又起了一个坏心眼，想把太阳和月亮都吞食了，让人间变成一片黑暗。她不停地

追赶太阳和月亮，追到后就一口吞下去。不过，每到逢年过节，人们就有敲锣打鼓、燃放烟花爆竹的习惯，恰巧目连的母亲很怕这些，她一听到这些声音，就吓得把吃进肚里的太阳、月亮吐了出来。太阳和月亮获救后，继续在天空中照耀着大地；目连的母亲也不罢休，继续追赶着它们。所以，民间就有了"天狗食日"和"天狗食月"的传说，还有很多地方保留了敲锣打鼓、燃放爆竹来驱赶天狗的习俗呢！

小朋友们，这个故事很有趣吧？目连的母亲一直在追赶太阳和月亮，却总会因受到惊吓而把吃进去的太阳和月亮吐出来，她的坏主意永远也不会得逞。这只是神话故事，那么，在现实生活中，月食究竟是怎样发生的呢？它和日食有什么不同呢？

月食发生的时候，地球正好位于太阳和月亮中间，此时，有一部分太阳发出的光线因为受到地球的阻挡而到不了月球，就发生了月食现象。如果整个月亮都处在地球的阴影中，就会发生月全食；如果月亮只有一部分处在地球的阴影中，就是月偏食。月食只有月全食和月偏食两种。

　　正如日食发生

在农历初一，月食的发生

时间也有一定的规律。月食一般发

生在农历每月的十五或十六，当然并不是每月

的十五或十六都会发生月食，每年发生月食现象的次数平均为2次。

　　月全食的发生主要有七个明显过程，我们形象地把这个过程称为

"月全食七步曲"。

　　首先是月球刚刚和地球造成的阴影区接触，这个时候月亮还没有

进入阴影区，这个过程我们用肉眼是察觉不到的。接下来，月球会慢

慢进入阴影区，我们会看到月球的轮廓与地球造成的阴影区第一次外

切。紧接着，月球进入阴影区域，并与这个圆形阴影区第一次内切。

随着月球进入阴影区的面积不断增大，月球的中心与阴影区的中心慢慢接近。等到完全进入阴影区后，月球的中心与阴影区域的中心又开始慢慢远离，直至二者第二次内切。月球渐渐离开地球造成的阴影区，接着与阴影区域第二次外切。最后一步，也就是月食的结束，月球从阴影区域中出来，太阳光重新照射到月球上，恢复原样。

　　小朋友们，月食和日食有很多相似的地方，它们都是因为太阳光被某个东西挡住，不能直接照射到其表面而发生的。当然，日食和月食也有一些不同的地方，你们发现了吗？

为什么日食时会出现"倍利珠"现象？

小朋友们，你们知道什么是"倍利珠"吗？说起这个名字大家也许会联想到小珠子，是不是发生日食的时候会出现珠子一般大小的小点呢？当然不是了，下面就让我们一同来看看这个名字是如何来的。

我们知道，在日全食的过程中，太阳是一点点地慢慢被月亮完全遮挡的。就在太阳快要完全被月亮遮挡住的时候，我们会看到太阳的东面出现一道闪亮的光芒，非常耀眼，所以这道光芒有一个很好听的

名字叫作"钻石环"。慢慢地，这道光环所释放的光芒会慢慢变弱，它也渐渐消逝成了一个个发光的点，就像一串珍珠悬挂在空中一样，人们形象的把这种景象称为"珍珠食"。因为这个现象最早是由英国的天文学家倍利发现的，所以人们就把这种现象命名为"倍利珠"现象。

　　小朋友们，你们有没有想过为什么会出现这种现象呢？为什么那道闪亮的光环最后会变成一个个发光的小点呢？其实这个问题也很简单，月球和地球一样，表面都有很多崎岖不平的山峰，所以月球的边缘也是不光滑的。然而，太阳的表面和地球月球都不一样，太阳的圆面是很整齐的。所以在日全食完全发生的一刻，月球表面的山峰是不能把太阳完全遮挡住的，太阳的光芒会从月球山峰之间的间隙中射出来，也就有了我们看到的一串串的亮点，像珍珠一般闪烁。

"倍利珠"现象

　　"倍利珠"现象一般只发生在日全食过程中，并且时间很短，通常只有一两秒钟，随后太阳就全部被遮住了。我们在观看日全食过程的时候，如果不认真细致地看，很有可能会错过这美丽之景呢！"倍利珠"现象很美，它的稍纵即逝更给它增添了无限魅力，看过的人都感到如痴如醉，终生难忘，但是，这种现象并没有很大的科学研究价值，通常只是作为人们的一场视觉盛宴而已。

　　"倍利珠"现象形成的原因很简单，你们现在清楚了吗？下次日全食发生时，你们一定要认真观察，说不定还可以看到一串串"小珍珠"出现哦！

食既

它是日食或月食的一种食相。对日全食来说，月面的东边缘与日面的东边缘内切时，太阳圆面整个被遮住，此时便是食既。对月全食来说，月球的西边缘进入由地球造成的阴影区域的时刻，就是食既。

生光

它也是日食或月食的一种食相。对日全食来说，生光是指月面的西边缘和日面的西边缘相内切的瞬间，是日全食结束的时刻。对月全食来说，生光是指月球东边缘与地球阴影的东边缘相内切的时刻，这时月全食中的全食阶段结束。

为什么有时会日月同时升起?

　　小朋友，我们通常只会看到太阳或月亮二者中的一个出现在天空中，很少看到太阳和月亮同时在天空中出现。那么，它们俩到底会不会同时出现在天空中呢? 大千世界，无奇不有，大自然总给我们带来

各种各样的惊喜。虽然很少有人能亲眼见到这一现象，但是太阳和月亮确实同时出现过。

　　杭州市东北方向80千米处的海盐县南北湖风景区的鹰窠顶上，就出现过壮观奇特的日月并升现象。每年农历十月初一的早上7点左右，人们在这里可以看到，钱塘江上一轮红日冉冉升起，此时月亮在上，太阳在下，太阳像小伙子追赶美丽的姑娘一样，紧随不舍地跃出海面，犹如一幅美丽的朝阳托月图。不久，太阳便和正在下沉的月亮交错，太阳被月亮遮住的部分光色暗淡，未被遮住的部分呈月牙状，并闪烁着金黄色的光彩，到最后，太阳和月亮完全重叠，然后一起上升，大约十几分钟后，月亮逐渐消失了，一切恢复正常，天空中只剩下一轮红日。有人记录，太阳和月亮重叠在一起上升的时间最短时有5

分钟，最长时达到了30分钟以上，一般只有15分钟左右。这种奇怪的现象只有在云岫庵南186.8米的鹰窠顶上才能见到，而在周围的小山丘上则都看不到。日月重叠时，我们可以看到一条明显的阴影，太阳周围有一圈轮廓，是红色或蓝色的光环，仔细看有点像杂技团动物们表演时用的火圈，只是这个"火圈"的颜色更加绚烂夺目。

关于日月并升的现象，中国还流传着一个古老的神话故事。盘古开天辟地后，地球上还是黑暗的。偶然间，盘古发现了一个明亮的所在，那正是会发光的太阳和她的姐妹月亮。于是，盘古就请她俩上天，去照亮整个世界，姐妹俩高兴地答应了，并商量好太阳在白天工作，晚上则由月亮负责。她们于十月初一上天，从此，她们便开始用各自的光华照亮整个世界。月亮总是在太阳出山后回去，而她又舍不得离开这个世界，所以每次都依依不舍地跟着太阳走好远才回去。后来，姐妹俩商量后决定，由于十月初一是她俩第一次上天的日子，为了纪念这个日子，以后每年的这一天清晨，由月亮送太阳出来。这就是我们现在看到的日月并升现象了。

有人说，日月并升是一种天文现象。但经过科学家的考证，我们可以肯定地说，日月并升并不是一种天文现象。因为如果认为这是一种天文现象，那只能归于日食，但日食现象发生的过程可以精确到以秒计算，日月并升现象则不能。1984年，海盐县曾经组织过一些人去观察并记录这个现象，当时所有在场的人都看到了日月并升的现象，奇怪的是，事后看所拍摄的录像时，人们却发现录像上没有这种现象，只是太阳正常升起。很多人说这是由人们的视觉误差引起的。就像我们在观察满月的运行情况时，会感觉东升西落时的月亮比月在中天时要大很多，而如果用摄像机拍摄的话，它会如实地告诉我们其实这些时候的月亮是一样大的，我们看到的月亮大小不一样，是人眼和人脑的经验性判断引起的错觉。

那么，日月并升的现象又是怎么发生的，该如何解释呢？小朋友们，下面就让我们一起来探索吧！天文学家认为：我们的观测地点是

鹰窠顶上，这是一个背山面海的地方，没有任何物体的遮挡，所以我们的视线基本和水天相接处保持平视的角度。由于地球围绕着太阳转动，到了农历十月初一这天，太阳便会出现在东南方向，而这天月亮正好会移到太阳旁边，就有了我们所看到的日月并升现象。有些气象学家还有另外一种说法，他们认为日月并升是一种"地面闪烁"现象，是由大气密度的急剧变化造成的。由于钱塘江的自然条件比较特殊，冷暖气流对流频繁，使湖面上空的空气密度不断变化。太阳光在不同密度的空气介质中传播时会产生各种异常的折射现象。这时，我们看到的太阳好像在忽上忽下，忽左忽右地蹦跳着，再加上人眼视觉的误差，就会让我们感觉到太阳和月亮同时出现在了天空中。

除了这两种说法以外，还有其他的说法，这里就不一一介绍了。小朋友，你有什么看法呢？

地面闪烁

日月并升的记载

早在我国古代，就有过关于日月并升的记载。最早记录这一现象的是明朝陈梁所著的《云岫观合朔记略》，明末清初的思想家黄宗羲正式把这一奇特的现象命名为"日月并升"。现在还有很多天文爱好者在试图解释这个奇特的现象呢！

什么样才算是天文现象呢？

小朋友们也许会认为只要是在天空中出现的现象就是天文现象，可天文现象才没有这么简单呢！它是天体运行到了某个特定的位置后而导致的特殊现象，通过观察天文现象我们可以发现宇宙中很多的奥秘呢！但因为人眼在观察天象的时候会受到光线等很多因素的影响而产生严重的视觉误差，所以每种天文现象都有一定的标准呢，我们不能盲目地认定某个现象为天文现象。

流星雨是怎么形成的？

传说，对着流星许愿，愿望就会实现。只有一天到晚把梦想放在心上，才能抓住那电光火石的一瞬。当然，这只是一种说法罢了，要想实现自己的愿望，当然不能只对流星许愿，然后就等着愿望的实现，而是要靠自己的努力，靠自己的双手和智慧。

不过，大自然中真的会有流星现象发生，而在各种各样的流星现象中，最美丽、最壮观的要数流星雨了。流星雨出现时，千万颗流星像雨滴一样从天上落下，和雨滴不同的是它们的身上都带着亮光，落下的瞬间，恰似一条条闪光的丝带。我们知道，雨滴是空气中的水蒸气遇冷形成的，那流星又是从哪里来的呢？下面就让我们一起来揭开这个谜团吧。

事实上，流星是由于天上的彗星破碎而形成的。彗星主要由冰和尘埃组成，当它们逐渐靠近太阳时，冰会汽化，彗星表面的尘埃便像喷泉喷出的水一样，冲出母体而进入彗星的轨道。还有一些大颗粒的尘埃没有获得足够的力量脱离母体彗星，只得留在彗星的周围形成尘埃慧头，而部分极小的颗粒会被太阳的辐射压力吹散，形成彗尾。这样就有几种大小不同的颗粒围绕在彗星周围以及表面了。它们的大小有差别，公转周期自然也不同。所以，下次彗星回归时，小颗粒的速度就会比母体慢，而大颗粒将超前于母体。当地球与彗星相错时，我们可能会看到流星雨。它其实是一种成群的流星，看起来像是从天空中的一点迸发出来的。流星雨集中发出的这一点或者一小块区域，就被人们称作流星雨的辐射点。我们知道了流星雨原来是彗星破碎形成的，那么，流星在降落的过程中为什么会发光，还拖着一条长长的发亮的尾巴呢？原来，那些颗粒在降落的过程中，与大气层摩擦并燃烧，产生光和热，我们就看到流星那条漂亮的尾巴了。如果流星在飞行的过程中没有燃烧尽，落到地球上，那么它就是人们常说的陨石。

由于能看到流星雨的人并不是很多，所以这些人都被认为是很幸运的人。而能在有生之年亲眼看看流星雨落下时的壮观光景，也是很多人的愿望之一。

流星雨有好几种，其中，七大著名的流星雨分别是狮子座流星雨、双子座流星雨、英仙座流星雨、猎户座流星雨、金牛座流星雨、天龙座流星雨，以及天琴座流星雨。它们分别在每年的不同月份出现，每次都是不小的规模。

虽然流星雨很美丽，也给我们带来很多美好幻想，但是任何事物都有两面性，流星雨同样会给我们带来不便甚至是危害。首先，流星雨可能会对航天器造成威胁，在1993年的那场英仙座流星暴中，欧洲航天局的一颗卫星因遭到一颗流星体的撞击而失控。其次，落下的流星雨可能会击中地球表面的人类或牲畜，1996年在澳大利亚就曾经发生过掉落下来的流星雨击穿屋顶的事件。虽然到目前为止，还没有出现流星雨击中人体的报道，但是这种危险仍然存在。此外，流星体在

燃烧过程中形成的那条"尾巴"，会对无线电讯号产生干扰，对通讯产生影响。不过，因为流星通讯不会受到核爆炸和太阳活动的影响，所以它在军事上具有重要的意义。除此以外，通过对流星体在大气中产生的声、光、热、电磁等效应的研究，还可以探索地球大气的物理状况。

在过去的100年中，曾经出现过几次流星暴，但是中国均与之无缘。21世纪初，中国成功地观测到了狮子座流星暴以及2004年的英仙座流星雨。这对推动中国的天文学研究有重要意义，对人类了解太阳系的流星群以及宇宙这个大环境也意义重大。

小朋友们，现在大家对流星雨有一定的认识了吧？其实它们就是天上的石块，因为在运动时和大气摩擦，所以才带着光亮。关于流星雨的传说还有很多，相信大家有一天会亲眼看到流星雨的，到时候你准备许什么愿望呢？

彗星

　　彗星的名字是由希腊文演变过来的，意思是"尾巴"或者"毛发"，在中国，彗星有个通俗的名称——"扫把星"。它是太阳系中小天体的一类，由冰冻物质和尘埃组成。当它靠近太阳时，太阳的热使彗星物质蒸发，在冰核周围形成朦胧的彗发和彗尾。

流星暴

　　流星雨有强有弱，弱的流星雨一个小时只看得到两三颗，甚至更少。比较强的流星雨，一个小时可以看到20颗以上，这种比较强的流星雨就叫作流星暴。

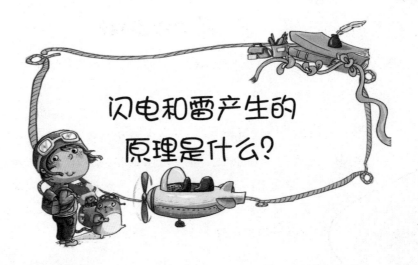

闪电和雷产生的原理是什么？

大家听说过雷公电母吗？相传，他们是天上掌管打雷和闪电的神仙，还被人们赋予了惩恶扬善的美名。人们认为他们能明辨人间的善恶，代表上天执法，主持正义，击杀那些做尽坏事的人。现在，在

积雨云

雷雨云

水汽

冷空气

一些道观和庙宇中，还常有雷公和电母的塑像供人们参拜。当然，我们都知道，世界上并没有什么神仙，这些都是古代人民创造的美好神话。那么，打雷和闪电到底是怎么回事呢？

其实，雷电是一种再正常不过的大气放电现象。特别是在夏天的傍晚，由于地面的冷空气携带着大量的水汽不断上升到高空中，形成了大量的积雨云，而积雨云中又含有很多正负电荷，便形成了雷雨云。大地是导体，受到天空中带电荷的雷雨云的感应，大地也会带上相应的电荷。雷雨云中积累的电荷越来越多，就会把空气击穿，从而打开一条通道进行放电。在放电时，由于云层中的电流很强，所以会把这条通道上的空气烧得灼热，温度高达6000摄氏度～20000摄氏

度，发出耀眼的强光，这就形成了我们看到的闪电。云层中的电流把这条通道上的空气烧得灼热后，根据热胀冷缩的原理，周围的空气会开始膨胀。空气的瞬间膨胀会产生强烈的冲击波，在产生冲击波的过程中，便形成了我们听到的轰轰响的雷声。

我们总是先看到闪电，后听到雷声，这又是为什么呢？事实上，打雷和闪电几乎是同时发生的，但是，由于光速是宇宙中最快的速度，远大于声速，所以我们总是先看到闪电，然后才听到雷声。

雷和闪电中含着巨大的能量，一次闪电所释放的能量可以供一个普通家庭使用至少2个月。不过，正是因为雷和闪电中有巨大能量，使它们有了很大的破坏性，可以让人死亡，可以破坏建筑物，给我们带来了很多危害。全世界每年都会发生很多雷电事故，严重的雷击会导致人死亡。爸爸妈妈经常告诉小朋友，雷雨天气时最好不要外出，就是因为打雷闪电的时候外面很危险。

我们应该如何预防雷击事故的发生呢？首先要做到的一点就是加强防范意识，雷雨天气时尽量少外出；其次，要注意电线的位置，如果电线离地面很近，人又恰好站在电线下面，那么被雷击的概率将会大大增加；最后，还要有一定的防雷电措施，我们使用的最普遍的防雷设备是避雷针，如果细细观察，你会发现几乎每座楼房的楼顶都会安装这样一个设备。

　　避雷针安在楼顶可以有效地保护整栋楼房，它的上端接在架空的输电线路上，下端与大地相连。在风和日丽的天气里，避雷针不会影响楼里其他设备的正常运行。在雷雨天气里，如果楼房遭到雷击，避雷针会将雷电引入自己体内，然后导入大地，从而保障了楼房的安全。雷电过去以后，避雷针就会恢复原有状态。下次雷电来临时，避雷针还会同样地将其引入大地。所以，有了避雷针的保护，我们居住的房屋就安全了很多。

雷电对人体的伤害

当人被雷电击中的一瞬间，会有强大的电流迅速通过人体，远远超过人体所能承受的最大电流值。所以，严重的时候，雷击就会导致人死亡，即使有幸逃过这一劫，也会有不同程度的皮肤灼伤。

富兰克林与避雷针

富兰克林是美国著名的科学家，他通过"费城风筝实验"发明了避雷针，享誉世界。这个实验是这样的：在一个雷雨交加的日子里，富兰克林带着装有金属杆的风筝来到一片空旷的草地上，风筝被放上天后，有一道闪电从风筝上掠过，他把风筝上的电引入瓶子，然后带回实验室研究，最后证明了雷电和摩擦起电产生的电是一样的。在随后的研究中，富兰克林成功地发明了避雷针，帮助人们避免了很多雷电造成的危险，被皇家学会授予了金质奖章。

你知道球形闪电是怎么回事吗？

　　小朋友，先让我告诉你一件奇怪的事情。在美国的一个小城里，一位主妇出门办完事后，回到家里打开电冰箱拿东西时，却发现自己放进去的生鸭、生肉全都变成了熟食品。经过科学家的研究才知道，是球状闪电把冰箱变成了电炉，而冰箱竟然没有损坏！这件事情很有趣吧？现在就让我们一起来了解了解球形闪电。

　　球形闪电是闪电的一种，简称为球闪，民间也称之为滚地雷。球形闪电大小不一，平均直径在25厘米左右，较小的球形闪电直径只有

0.5厘米，最大的直径达数米。球形闪电不一定是大家想象的那样一个火球，有时它也会发出环状或者以球心为中心向外延伸的蓝色光晕，并发出火花或者射线。球形闪电的颜色最常见的是橙红色和红色，当它以非常明亮乃至炫目的强光出现时，还可以看到黄色、蓝色和绿色等七彩光芒。球形闪电虽然漂亮，但是寿命却很短，一般只有1~5秒，最长的也不过几分钟而已。现在，你了解了球形闪电的模样，是不是已经在脑海里勾勒出了球形闪电的样子呢？有的小朋友要问了，球形闪电到底是怎么一回事啊？它为什么能奇迹般地把冰箱里的食物变熟呢？我们先来了解一下球形闪电的原理吧！

很久以前，科学界认为球形闪电是子虚乌有的现象，是人们编造出来糊弄人的，直到后来，科学界才承认了球形闪电的真实性。1955年，苏联的物理学家提出了球形闪电的概念，他们认为球形闪电是由雷暴中产生的电磁干扰效应引起的。1991年，日本的科学家也报道了他们在实验中观测到的由微波干扰产生的一系列类似球形闪电的现

电磁干扰效应

主气流

离子球

固体

主气流

象。此外，日本的科学家还证实，他们的人造离子球也显现出球形闪
电的一些特征，比如沿着与主气流相反的方向运动，可以穿越固体物
质等。

　　科学家们虽然发现了球形闪电，也承认了它的存在，但并没有
弄清楚球形闪电产生的机理是什么。1998年，一位西班牙的物理学
家对球形闪电的出现提出了自己的观点。他认为球形闪电的成因并不
神秘，很可能是在产生闪电的过程中，磁场约束发光等离子体所形成
的。为了证明自己的理论，他建立了闪电磁场模型：用于产生闪电过
程中形成的水平磁场和垂直磁场的磁力线圈相互交织，形成磁力线
网。在某种特殊情况下，磁力线网可能呈现球形，发光等离子体被这
个网"俘获"，就会形成球形闪电。球形闪电这一现象会一直持续到等
离子体冷却，当等离子体冷却后，电子会被原子束缚，等离子体内部

的电阻变大、电流变弱，周围的磁场也逐渐消失，最后这个"火球"就悄悄地消失了。

到目前为止，科学界还一直在研究球形闪电这一神奇的现象。由于球形闪电很罕见，这也给科学家们的研究带来了很大困难。球形闪电至今仍然是科学界的一个谜。

小朋友们，闪电是很可怕的，有时还会给人类造成严重的破坏，如建筑物倒塌，人畜死亡等等。爸爸妈妈经常告诉我们，雷电天气不能往外跑，大家千万不要因为对球形闪电好奇而不听爸爸妈妈的话哦。球形闪电很少出现，我们只能从科学家的研究里知道一些关于它的知识。

你想不想成为一位伟大的科学家，去研究像球形闪电这样神奇的事物呢？

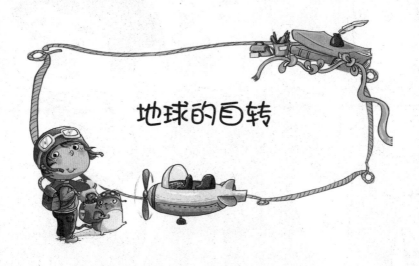

地球的自转

在给大家介绍地球自转之前，让我先给大家讲一个小故事。
1851年的一天，法国物理学家付科和他的两名实验助手一起走进了巴黎的大教堂。小朋友可能要说了，对于信教的人来说，去教堂朝拜是一件再正常不过的事情了，但是，他们并没有在教堂做礼拜或者忏悔，而是在教堂里走来走去，最后在教堂中间站住，仔细看了看屋顶后，就一起离开了。教堂的看守看见这几个人，觉得他们的行迹很可疑——不做礼拜反而在教堂里走来走去，就把这件事报告了主教。主教听了看守的汇报，也觉得这几个人有点不正常，就吩咐

南

看守："你要好好注意这几个人，一要防止他们行窃，二要防止他们搞破坏。"

第二天，付科又带着他的两个助手来到了大教堂，看守看见他们后，就躲在暗处观察他们的一举一动。这时，付科的一个助手在腰间系上一根长绳，开始向屋脊下面的一根大梁攀登。看守看着他们的行为，以为他们想要盗窃古物，心想："难道他们要盗窃古物？我还是等他们把古物取下来后，来个人赃并获，他们想抵赖也抵赖不掉。"看守正想着，却又看到那个攀登的年轻人把腰间的绳子系在大梁上之后，很快就下来了。看守松了一口

北

气，刚准备离开，又看到另外一个助手开始忙起来了。只见他先把一个黑色的圆形铁球吊在绳子末端，又在地上沿着南北方向画了一道白线，然后把球沿着白线方向向前推去，这样，铁球就开始沿着白线的方向摆动起来。看守看着他们的举动，感到很好奇，他们究竟想干什么？忽然，看守想到，这些人很可能是把定时炸弹安在了大铁球里，又以铁球摆动的次数来计时。想到这里，他一个箭步冲出去，冲着三个人大喝一声："住手，你们几个人在这里搞什么破坏？"说完，迅速用双手稳住了大铁球，让它停止了摆动。

付科说："看守先生，我们不是在搞破坏，而是在做实验，请您让我们把实验做完，然后再向您解释。"

"做什么实验？"看守问。

"我们想要用铁球的摆动来证明地球的自转。"

"地球的自转？您别开玩笑了，我从来没有见过地球在转！你们走吧，不要在这里捣乱，不要玷污了这个神圣的地方。"看守不屑地对付科说。

"不管您信不信，请先看看我们的实验吧！"说完，付科便又让助手沿白线方向推动大铁球，铁球又摆动了起来。几个小时之后，铁球依然在摆动，摆动的方向却偏转了，与地面上的那条白线之间形成了一个明显的角度。付科指着那个角度对看守说："您看，铁球转动的方向变化了，这就证明了地球在转动。"

看守还是不明白："这怎么能证明地球在自转呢？"

听到这里，小朋友们，你们知道了吗？或许你们会说是大铁球在摆动过程中自己改变了方位，其实不是这样的，铁球在摆动的过程中，由于惯性，它会一直保持着原来的方向，那这又是为什么呢？下面就让我们来揭开这层神秘的面纱吧！

地球是一个椭圆的球体，形象点说，就像一个巨大的陀螺。

用绳子抽打陀螺时，它可以在地上旋转，同样，地球也在分秒不停地自西向东旋转，每转一圈就是一昼夜。因为地球是东西向旋转，而大铁球是沿着南北向摆动的，所以最后就会形成一个夹角。如果我们在南北两极做这个实验，并让铁球连续摆动24个小时，大家就会发现大铁球的摆动平面刚好旋转了360度呢！

这个故事发生在100多年前，那时候科学还很不发达，人们根本不相信自己居住的地球会转动，直到他们亲眼目睹了付科做的实验，并听完他的解释后，才相信地球在自转。为了表彰付科在研究地球自转方面做出的贡献，后人把这种铁球大摆命名为"付科摆"。今天，在世界各地的许多天文馆大厅里，包括北京天文馆在内，都悬挂着长长的"付科摆"，向人们揭示着地球自转的秘密。

小朋友们，想象一下自己脚下的土地每分每秒都在转动，自己却一点都感觉不到，是不是感觉很奇妙呢？

付科摆

极光是怎么产生的？

逢年过节的时候，中国有个传统风俗，就是放烟花。烟花在空中绽放时，很漂亮，可惜的是，它们的美丽稍纵即逝，我们只能用照片来定格它们的美丽瞬间。小朋友们，你们知道吗？在地球的南北极地区的高空，夜里常常会出现美丽的光芒，有时候是红色，有时候是绿色，或者蓝色、紫色，这些光芒忽明忽暗，就像轻柔的丝帛在天空轻盈地飘荡一样。人们把这种美丽的光芒叫作极光。

极光有很多种，每一种都有自己的风采，绮丽无比。可以毫不夸张地说，自然界中还没有哪种自然现象可以和极光相媲美，就算是技艺再高超的画家，也无法画出极光的模样。

极光出现的时间长短不定，有时候很短，仅在天空中逗留几秒钟就消失不见了，像焰火一样短暂；有时候却在天空中舞动几个小时。极光在天空中的模样也是瞬息万变的，有时候像一条彩带，有时候又像孔雀开屏一般绚烂夺目，有时候像一团火焰，有时候又像一张巨大的银幕悬挂在空中。极光给我们带来了空前盛大的视觉盛宴，那么，这种奇妙的景象是怎样产生的呢？

人们从发现这种奇妙的天象开始，就一直在猜测它是怎样产生的。早期的因纽特人认为，那是神灵指引死者的灵魂上天的火炬；到了13世纪，人们则以为那是极地的冰原上发射过来的光；直到17世纪，人们才给这种神奇的景象命名为"极光"。

随着科学技术的进步，极光的秘密也被逐渐揭晓。原来，这美丽的景色是太阳与大气层联手为我们描绘的。从太阳传到地球上的巨大

能量中，有一种物质叫作"太阳风"，这种物质的特别之处在于它含有很多带电粒子。在环绕地球上空运动的过程中，太阳风会和地球磁场发生撞击。由于太阳风中含有大量的带电粒子，和大气层产生作用，于是在地球的两极就出现了美丽的极光。在南极地区形成的极光叫南极光，在北极地区形成的极光叫北极光。

极光不仅美丽，还包含着很大的能量。一次大型的极光现象所释放出的能量，可以和全世界的发电厂所产生的电量总和相比。由于极光有很大的能量，它内部的电流经常会扰乱无线电和雷达的信号，有时还会积聚在长途电话线上影响通话。更可怕的是，极光可能会使某个地区的电力传输受到干扰，从而切断电力供应，造成短时间的停电

太

阳

风

现象。既然极光有如此巨大的能量，那么，怎样利用这些能量，让它造福人类，便成了当今科学界研究的一大课题。

　　小朋友们，你们是不是也很想亲眼目睹极光的样子呢？最佳的极光观测点一般都在乡间空旷的地区，因为城市的灯光和高楼大厦可能会妨碍我们看到极光。不同的地方见到极光的几率也有很大的差别：在加拿大的丘吉尔城，一年就有300个夜晚可能见到极光；而在佛罗里达州，一年基本上只有4次机会可以见到极光。大多数的极光都出现在90～130千米的高空中，有的还要更高。1959年，有一次大型的北

极光

极光发生在离地面160千米的高空中，并且它的宽度超过了4800千米，整片北极的天空都被极光染上了一层美丽的色彩，让人如痴如醉。

早在2000多年前，充满智慧的中国人就发现了极光这一美丽的现象，并开始观测它，留下了丰富的极光记录。

虽然目前人们大多认为极光产生的原因是太阳风和大气层产生的电离作用，但这并没有得到完全的肯定。如果确实是因为太阳风的缘故，那么，由于太阳每11年左右就有一个非常活动期，到时候会发射出很多高能量粒子到宇宙空间，这些高能量的粒子和大气层发生作用，就会产生更为盛大瑰丽的极光。

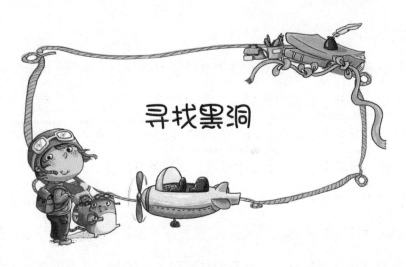

寻找黑洞

小朋友们，大家听说过黑洞吗？自从在理论上证实了黑洞确实存在后，便开始有无数科学家关注并研究黑洞。黑洞是一个很神奇的东西，在浩瀚无际的太空中，想要找到它实在太难了。它看不见、摸不着，即使用最高端的天文望远镜也不见得能发现黑洞，因为黑洞并不发光，所以科学家们也只能凭借自己的想象和理论知识来研究黑洞。今天，我们就来谈一谈黑洞吧！黑洞

到底是什么呢？它存在于哪里呢？

早在几十年以前，就有科学家预言了一种叫作"黑洞"的奇怪天体。它的体积很小，密度却极大，所以质量也很大。一个米粒大小的黑洞，就得用几万艘万吨轮船一起拖才能拖动它。可以说，如果黑洞真的存在，世界上就不会有别的东西会比它更重。

黑洞有一个奇怪的特征，它具有强大的吸引力，宇宙中速度最快的光都无法逃脱它的"魔爪"。它还会把周围的其他物质吸引过来，任何物质只要到了黑洞周围，就别想再逃脱了。因此，黑洞就像一个无底洞。除此以外，黑洞还不会让自己的任何边界及边界以内的事物被外界发现，就像具有隐形功能似的，十分神秘。因此，科学家们把它起名为"黑洞"，也是很形象的。

到目前为止，科学家们已经发现了两个最大的黑洞，它们都位于银河系的中心地带，距地球大概有2.7万光年。这两个黑洞的质量大得吓人，每个黑洞的质量都约是太阳的100亿倍，而太阳的质量又是地球的33万倍。小朋友们，你们能想象得出黑洞有多重吗？

如同黑洞对其他物质有巨大的吸引力一样，黑洞对我们也有很大的吸引力。关于黑洞存在与否，以及它的类型和性质都有待实验考证。

黑洞可真给科学家们出了一道难题，因为它看不见，摸不着，就算被它吸引进去的光，也会在瞬间消失，所以我们不能直接观测到黑洞本身，这使得对它的发现和研究变得很困难。面对这样一个难题，科学家们没有退却，反而愈挫愈勇，充分展示了他们卓越的才能和智慧。

科学家们发现，在光线被黑洞吸引的瞬间，因为受到强大的吸引力，光线会改变原来的运动方向，所以在

这个时候，光线就会有很强烈的偏转。当地球、黑洞和遥远星体排在一条直线上时，由于光线的作用，黑洞会把遥远星体的像反映出来，也就是说黑洞扮演了镜子的角色。地球上的人通过望远镜，可以看到两个遥远星体，其中有一个就是被黑洞反射成的像。所以，通过对多条光线的偏转的研究，科学家们很有可能发现黑洞所处的方位以及黑洞的范围大小。这种方法在理论上是可行的，但是前提条件是地球、黑洞、遥远星体三者处在同一条直线上，而这种排列是很罕见的。

黑洞就像一个魔术师，拥有神奇的魔力，把靠近它的物质都变得消失不见，它的这种神奇魔力吸引着人类对它进行无止境地研究。相信在人类永不停息地探索下，黑洞这个谜早晚会被解开。

遥远星体虚像

遥远星

黑洞的巨大吸引力

黑洞其实也是一个星球，只不过密度很大，所以质量自然也很大。它的奇特之处就在于所有靠近它的物体都会被瞬间吸引。对黑洞来说，它的逃逸速度超过了宇宙第一速度，所以连光速也无法逃脱。既然连光都只进不出，那么，我们看到的也只能是一片黑色。

白洞之说

科学家们提出过这样的设想，既然宇宙中存在黑洞，那么也一定存在"白洞"。黑洞能够把靠近的任何物质都吸进去，白洞就一定能把这些物质都吐出来。也许，黑洞与白洞是通过某种物质联系起来的，被黑洞吞噬的东西都会在瞬间被白洞吐出来，从而保证了整个宇宙的平衡。

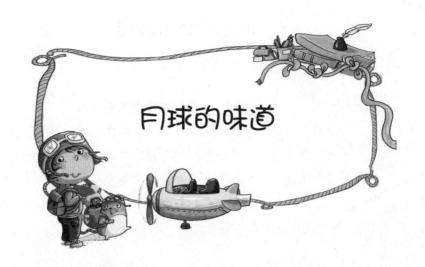

月球的味道

大家都知道，世界上有很多东西都散发着独特的味道，例如，花朵的芬芳、饭菜的香味，还有早晨清新的空气等。当仰望夜空，看到那皎洁的月亮时，你们想过月亮是什么味道吗？它会不会有桂花的香味？

对于这个问题，最好的解释应该来源于登过月球的人。但是宇航

员在太空时都穿着厚厚的宇航服，实际上是闻不到月球的味道的，不过，由于月球表面的尘土具有粘附性，它们吸附在宇航服上，被无意地带回了太空舱。

在太空舱里，宇航员们脱下宇航服时，发现宇航服上有种奇怪的味道。于是，他们把宇航服表面的尘土都收集了起来，结果发现这种尘土虽然看起来和地球上的尘土没什么区别，但闻起来有种奇怪的味道——火药爆炸时的硝烟味，也有点像燃放烟花爆竹时的味道。

美国阿波罗17号上的宇航员说，月球表面的尘埃看上去很平常，呈粉末状，摸上去像白雪一样柔软，尝起来味道也不坏。虽然闻着有股火药的味道，但还不是很糟糕，只能用"特别"来形容。月球上的尘

土不仅有种奇怪的味道，还让阿波罗17号上的一名宇航员意外地感染了花粉热，这是首例在太空中感染疾病的例子。这名宇航员说，之前的一切都很正常，当自己把头套摘下来，嗅到月球尘埃的味道后，鼻子就有强烈的反应，并开始肿起来，好几个小时后才慢慢消退。

宇航员们对月球尘土的奇怪味道很好奇，就收集了一些月球上的尘土样本带回地球研究。宇航员们本以为从这些样本中可以研究出月球尘土的成分，从而解释产生这种奇怪味道的原因，可是，这些样本在带回地球后，竟然没有任何味道了。对这一现象，科学家们给出这样的解释：这些尘土样本在带回地球后，一直与空气接触，而空气中含有的氧气等成分可能会与散发这种气味的物质发生化学反应，导致该物质变质，没有了特殊的味道。科学家们还说，要严格地研究月球尘土，还需要在月球上进行研究。

湿润空气

沙漠雨效应

月球
尘埃

氧化

O_2

　　针对这些尘土的味道无故消失这一现象，科学家们给出了好几种解释，主要是如下三种：第一种认为，月球尘埃与太空飞船舱内的湿润空气接触，导致出现 "沙漠雨" 效应，并产生一种奇怪的味道，但事后这种效应就消失了，气味自然也就消失了。第二种解释是月球尘埃进入人的鼻腔，而鼻腔中有种物质可以促进月球尘埃气味的释放，便产生了奇怪的气味。第三种解释是月球尘埃在太空飞船内与空气中的氧气发生化学反应，被氧化后可能产生一种类似火药爆炸的硝烟气味。不过，这三种解释仍然不能很好地说明月球尘埃为什么有味道。

　　月球尘埃虽然有种火药的味道，但它和火药绝对不是一回事。科学家们对月球尘埃的成分进行了研究，并未发现像火药中那样的易燃有机分子。既然月球尘埃有种火药的味道，那它会不会有爆炸的危险呢？科学家们还做了用火点燃月球尘埃的实验，并没有出现爆炸的现象。那么，月球尘埃究竟是由什么物质构成的呢？

实际上，月球尘埃的构成并不是个谜，大部分月球尘埃都是流星体撞击月球时留下的粉末，这些粉末与火药完全不同。虽然目前科学家们对月球尘埃的"火药"气味还没有做出合理解释，但是我相信，以后人类再次登陆月球时，一定能揭晓这一神秘现象产生的原因。

小朋友们，当你们仰望星空时会想到什么呢？看着明亮的月亮，你们又会想到什么呢？虽然月球很神秘，但是它的秘密正在被我们逐个解开。

"沙漠雨"效应

在沙漠中能闻到什么味道？当然什么都闻不到。但是沙漠中一旦下雨，我们就会闻到一种芬芳与泥炭相互混合的味道。这是由于下雨后沙漠上方的空气变得湿润，沙子与湿润的空气接触后，发生化学反应，就会产生芬芳与泥炭混合的味道。

月亮表面的环形山

在美国"阿波罗"登月计划的执行过程中，宇航员拍摄了一些月球表面环形山的照片，发现了一个惊人的秘密：环形山上有人工改造的痕迹，有一个环形山的内部存在一个直角，这个直角非常规整，两条直角边分别长25千米，除此以外，在这个直角周围也有明显的整修痕迹。

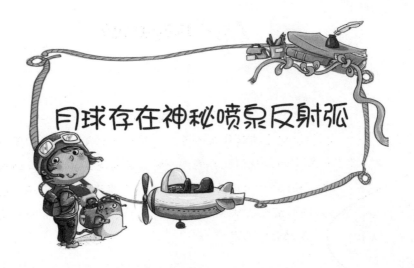

月球存在神秘喷泉反射弧

我们知道，科学家们探索宇宙太空的脚步从没有停止过，所以，在研究宇宙这条道路上，我们走得越来越远。不久前，科学家们对月球的研究又有了新的进展。他们发现在月球上存在一种神秘的东西，并把它命名为"喷泉反射弧"。

喷泉是用来装饰环境的，月球上的"喷泉反射弧"又有什么作用呢？下面就让我们一起去看个究竟。

磁场

你们知道吗？太阳传递到地球上的巨大能量中，有一种叫作"太阳风"的物质，这种物质中包含着丰富的带电粒子。地球表面的强大磁场就像一个覆盖在地球上的巨大的保护膜，保护着地球上的生命，使他们免受伤害。太阳风以非常快的速度经过地球时，会受到地球磁场的强烈阻碍，从而形成很强的磁暴和辐射风暴，这股强大的力量会中断卫星、高压电网以及通信设备的正常工作。

这种现象是太阳风和地球磁场的共同作用形成的，但是月球和地球上的环境不一样，月球上磁场的分布和地球上的完全不同，它又是怎样和太阳风共同作用的呢？

在以前的研究中，科学家们认为月球上并没有像地球一样的整体磁场，所以太阳风经过月球时，不会受到任何有关磁场的作用，因而也不会形成磁暴和辐射风暴。但是，最近一个国际性的月球探测器小组探测

阳

风

到在月球表面存在着逆向的太阳风，这说明太阳风在经过月球时也受到了阻碍。另外，加州大学伯克利分校的贾斯彭·赫拉卡斯博士表示，在月球的向阳面探测到了电子流和离子流。

虽然月球没有地球那样完整的磁场，但是在月球上空两万里高的地方可以明显地观察到太阳风在经过这里时受到了影响，从而产生了湍流，太阳风的密度和运动的方向都发生了改变。在这个国际性的月球探测小组发现逆向的太阳风之前，已有好几个探测器在月球表面发现电子束或离子流，还在月球前面的等离子体中发现了电磁波和静电波。这就是说，在月球上存在某种物质，对太阳风的运动有阻碍作用。

科学家们认为，在地球前方存在这样一个湍流区域属于正常现象，但是在月球上也发现这样一个区域的确是很令人吃惊的。因为目

前还没有发现除了磁

场以外的哪种物质能够和太阳风一起产生强大的磁暴和辐射风暴，而

科学家们还未证实月球上存在与地球磁场类似的物质。

　　为了解释这种现象，科学家们用计算机模拟了月球的基本情况。

计算机的模拟显示，月球表面被太阳光照射并有太阳风经过的地方存

在一个复杂的电场，带电粒子通过这个电场时会产生电子束。与此同

时，太阳风中的离子与磁场发生碰撞时，这些离子会被弹回去，朝着

各个方向，像喷泉一样四处散开，于是就有了我们观察到的月球表面

逆向的太阳风。

　　月球上存在神秘的"喷泉反射弧"这一现象，说明了一个问题：在

月球表面同样有类似地球磁场的物质，它们在月球表面形成了一个天然

的"保护层"。只是月球表面的这个保护层强度比地球上的要弱很多。

此外，还让人们感到意外的是，在月球表面上空仅几米的地方就发现了电场和磁场，而且它们能对数万千米之外的太阳风造成扰动。既然月球上有这种神秘的现象，那么，其他一些小行星上是否也有类似的现象呢？科学家们认为，很有可能在其他行星上也能够发现这样的湍流。加深对这种物质的了解，可以给后续的研究工作带来更多的帮助。因为磁场有助于信息的传播，以后宇宙飞船就可以从很远的地方对未知的星球做勘测了。

小朋友们，月球是个神秘的星球，月球的很多奥秘目前都还在探索中，相信随着科学技术的发展，总有一天，月球所有的奥秘都会被人类破解。

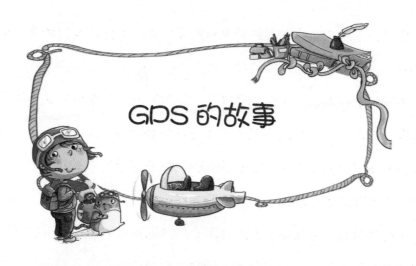

GPS 的故事

小朋友们，你们知道GPS吗？很多汽车导航仪的广告上都有"GPS全球定位系统"这个词，你应该也听说过吧？但是，你们知道GPS是什么东西吗？它有什么作用呢？大家都知道，GPS可以知道我们所处的位置，还能监控我们所走的路线，并且能够进行呼叫指挥和防止车辆被盗，从而给我们的生活带来了很多方便。我们真的要好好感谢GPS，因为它的出现让我们为汽车的防盗又加上了一把重重的锁，

同时也打击了那些偷盗汽车的猖獗的犯罪分子。下面让我们简单了解一下GPS出现的历程吧！

GPS的全称是"全球定位系统"，它的前身是美军研制的子午仪卫星定位系统。子午仪卫星定位系统是从1958年开始研制的，经过8年的努力研究才研制成功。它通过5颗或6颗卫星组成的星网进行定位工作，每天可以绕过地球13次。由于需要至少3颗卫星，才可以把地球的每个面都照到，因此在每天绕过地球13次的前提下，仅用5颗或6颗卫星显然是不够的，故而它并不能给出高度精确的信息，在定位工作方面也并不尽如人意。但是，子午仪卫星定位系统的研制成功向我们证实了利用卫星进行定位的可行性，以及沿着这个方向发展的广阔前景。自此，美国认识到了卫星定位在导航方面的巨大优越性。显然，子午仪定位系统不能满足他们的需要，特别是在对潜艇和舰船的导航

方面，他们需要一种精确度更高、功能更加完善的卫星导航系统。所以，美国在卫星定位系统方面下了很大的功夫，海军和空军分别根据自己的需要提出了全球定位网计划。由于同时研制这两个系统会花费很大一笔费用，并且这两个计划的目的都是提供更好的全球定位系统。所以，在综合考虑了各方面因素之后，1973年，美国国防部将二者合二为一，由国防部卫星导航定位联合计划局领导，在洛杉矶的空军航天处设立了办事机构，开始了卫星导航系统的研发工作。

在联合计划局的领导下，人们经过很长时间的研究，终于提出了最初的GPS计划。该计划打算把24颗卫星放置在互成120度角的三个轨道上，每个轨道上都有8颗卫星，把地球层层包围，而地球上的人在任何位置都可以观测到6到9颗卫星。这样，定位系统的精度就得到了很大的提高，最精确的可以达到10米。但是，要发射24颗卫星，无疑需

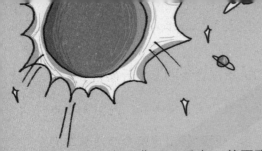

要一笔很大的费用。后来，美国联合计划局由于预算的压缩，不得不把最初的将24颗卫星分布在三个轨道上的计划改为将18颗卫星分布到互成60度的6条轨道上。计划改变后，费用方面可以满足要求了，但肯定会存在缺陷：修改计划会使卫星的可靠性得不到保障。发射卫星升空可是国家的大事，半点都不能马虎。所以，1988年，联合计划局又做了最后一次修改：依然采用24颗卫星的方式，不同的是把它们分为21颗工作星和3颗备用星，它们分别被放在互成30度的6条轨道上，这样一来，既能够保证卫星的可靠性，又能节省一大笔费用。看来，科学家为此费了不少脑筋呢！不知道有多少个科学家，整日废寝忘食地在办公室埋头苦改计划，为了国家的航天航空事业呕心沥血呢！小朋友们，科学家们这么努力地工作，为国家贡献着自己的力量，我们是不是应该对这些伟大的科学家们致以最崇高的敬意呢？

知道了GPS的由来后，我们再来了解一下GPS定位的工作原理吧！

其实，GPS没有我们想象的那么复杂、那么神秘，所有的GPS的工作都是通过那24颗卫星来实现的。这24颗卫星先接收由地面发出的信号，然后通过GPS特定的通道传输到信息的接收仪器上，就完成了定位工作。需要说明的是，我们平时见到的汽车导航仪等GPS定位系统只能接收信号，它们本身是不能发射信号的。

　　小朋友们，当你们仰望星空时，不妨想想在太空中飞翔着的卫星们，它们被发射进太空后，就一直在上面为我们辛勤地服务着，没有丝毫怨言，为我们转播电视、广播，还要完成定位等一系列工作。等你们长大了，是不是也准备为祖国的发展贡献自己的全部力量呢？小朋友们，加油吧，因为祖国的未来掌握在你们手中！

你知道吗？

卫星

指围绕一颗行星并按闭合轨道做周期性运行的天然天体，人造卫星一般亦可称为卫星。人造卫星是由人类建造，被太空飞行载具如火箭、航天飞机等发射到太空中的，像天然卫星一样环绕地球或其他行星运行的装置。人造卫星有很多用途：装有照相设备的卫星可以对地面进行照相、侦测、调查资源等工作；装有科学研究设备的卫星可以被用来进行科研工作；装有通信转播设备的卫星可以用来转播广播、电视等通讯信号。

小朋友们，你们还记得春节时我们在家里看春节联欢晚会的直播吗？那就是通过卫星转播的。如果没有卫星，说不定我们只能看第二天的重播了，那岂不是会有很大的遗憾吗？

手机卫星定位

手机是现在很常见的通讯工具，给我们的生活带来了很大的便利。

如果有什么事情需要联系别人，一个电话或者短信就可以搞定了。最早的手机不仅体积很大，携带不方便，而且功能也很不完善。这些年来，随着科技的迅速发展，手机行业也发展得很迅速。小朋友们，你们可能不知道哦，就连手机也有卫星定位的功能呢！手机有了这种功能后，如果有什么危险情况，救援人员就可以通过迅速确定手机的位置来营救被困人员了。

欧洲将建世界最大的望远镜

你们用过望远镜吗？透过望远镜小小的镜片，我们可以把远处的东西看得一清二楚，甚至包括一个人的表情。望远镜在生活中有很多应用。例如，现在患近视的学生越来越多，看东西不是很清楚，如果出门旅游时带上一个望远镜，不就可以把远处的风景尽收眼底了吗？

这无疑给患近视的人带来了很大的方便。另外，望远镜在军事上有着更为广泛的应用，战士们可以通过望远镜来观察敌军的一举一动。同样，在海上，我们也可以用它来观测海面的情况。

日常生活中，我们见到的望远镜都不算大，直接用手托起它，放在眼睛前就可以看到远处的东西了。小朋友们，你们知道世界上最大的望远镜有多大吗？现在就让我们一起去见识一下世界上最大的望远镜吧！

至今为止，世界上最大的望远镜是安装在美国夏威夷的凯克天文望远镜，它的直径为10米，相当于20多个人站成一排的长度，这远远超过了小朋友们的想象。然而，欧洲南方天文台的研究人员宣布，他们将建造一个比凯克天文望远镜还要大很多的望远镜，它的直径将达到42米，预计花费14亿美元。他们还给这台望远镜起了一个很写实的

名字——"欧洲特大望远镜"，光从这个名字上我们就可以看出欧洲南方天文台要建立世上最大望远镜的雄心壮志。

大家都知道著名的哈勃望远镜吧！它为我们拍摄了很多精美的太空图片，大到银河系，小到一颗很小的行星。在为科学家提供太空资料方面，哈勃望远镜可是功不可没。

太空望远镜和我们平时见到的望远镜当然不一样了，日常生活中的望远镜只是为了方便我们看到远处的东西，天文望远镜却不同，它们在拍摄太空景象上有很多优势，最主要的一点是它们摆脱了地球大气对天文观测的干扰。如果把望远镜比作人的眼睛，当有什么东西挡住了眼睛时，我们的视线就会变得不清楚，远处的东西当然也分辨不出了。望远镜也是这样的，天空中飘着的白云就会给望远镜的"视线"带来很多不便。太空望远镜最大的优点就是能够避开这些因素的干扰，给我们还原出清晰的太空图像。

　　太空望远镜也有致命的弱点，那就是要建造大的太空望远镜很难。虽然望远镜的直径越大，能收集到的光线也越多，但是由于还要考虑到其他各方面的因素，望远镜并不是越大越好。

　　欧洲南方天文台最初的计划是建造一台直径为100米的超巨型望远镜，后来经过多次考察，他们意识到直径42米的望远镜更为实际。此外，通过对望远镜的镜面形状做些改进，这个特大望远镜的分辨率也会得到更大的提高。这台特大望远镜的安放地点还没有确定下来，因为确定安放地点也是很有学问的，如果确定得不好，以后转移起来是很麻烦的。

欧洲特大望远镜建造在地面上，自然也会受到大气的干扰，但它宽大的口径可以让它观测到遥远星系的细节。有的天文科学家还预言，一旦特大望远镜建造成功，就可以让太空中的可见光及红外望远镜都"下岗"了。

　　现在，欧洲特大望远镜正处于设计研究阶段，由欧洲南方天文台监管。根据计划，这台望远镜将在2018年左右建成。如果利用它来观测太空，那些用其他天文望远镜看起来模模糊糊的遥远星系就可以清楚地呈现在我们眼前了。通过这个特大望远镜，我们也能获知更多宇宙深处的奥秘哟！

巨型望远镜

　　欧洲特大望远镜并不是唯一一个正在建造中的巨型望远镜，口径为24.5米的巨型麦哲伦望远镜和口径为30米的"三十米望远镜"也在建造之中。有了这些高分辨率的大型望远镜，以后我们就能看到更加清晰的太空景象了。

红外望远镜

　　红外望远镜是接收天体红外辐射的望远镜。它的外形结构与普通的天文望远镜大同小异。红外望远镜和普通的天文望远镜也有很多不同之处，它们在探究太空领域时有各自不同的应用。

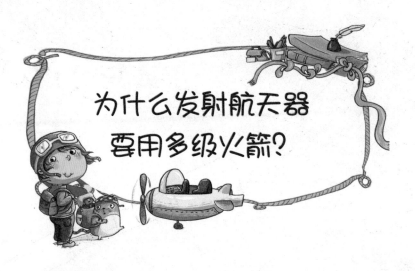

为什么发射航天器要用多级火箭？

小朋友们，你们知道吗？目前，我国在航天事业上已经取得了长足的发展，从1999年神舟一号无人飞船首访太空，到2005年费俊龙、聂海胜乘坐神舟六号携手问天，再到2008年迈出太空漫步第一步，九年的历程留下了中国人探索太空奥秘的完美脚步和中国航天事业发展史上的新突破。细细数来，我国已经将很多卫星和航天器送入了太空。大家都知道，每次送航天器进太空都要用到火箭。但是，你知道

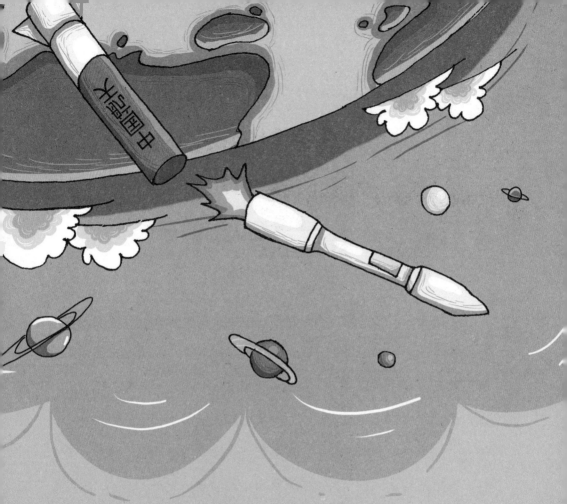

中国航天火箭

　　吗？这种火箭是多级火箭。有的小朋友肯定迫不及待地想问了，为什么发射航天器要用多级火箭呢？下面就由我来为大家解释吧！

　　首先，我要给小朋友们介绍一下火箭。火箭是一种运输工具，它的任务是把航天器送进太空，这样，航天器就可以在太空中完成自己的任务了。但是，航天器能否按照我们预期的那样进入特定的轨道呢？这就要看火箭的作用了。

　　火箭载着航天器上天的时候有很快的速度，而航天器在太空中的运行情况与它进入太空时的初始速度有关。如果航天器进入轨道时的速度小于第一宇宙速度，它就不能顺利进入太空，会因为受到地球的万有引力而落回地面；如果航天器进入轨道时的速度介于第一宇宙速度和第二宇宙速度之间，那么这个航天器就会在地球的引力场内飞行，成为人造地球卫星；如果航天器进入轨道时的速度在第二宇宙速度和第三宇宙速度之间，它就会成为太阳系的人造行星；如果航天器进入轨道时的速度大于第三宇宙速度，它就能飞离太阳系。但是，想要飞离太阳系是非常难的，因为太阳系对航天器有很大很大的吸引力，航天器需要很大的动能才能挣脱太阳系的吸引，以现在的科学技术来说，这是不可能的。

随着人类探索太空的脚步越来越远，我们需要更深入地了解太空，因此就需要功能更健全的航天器和具有更大运载能力的火箭。可是，最好的单级火箭的最大速度也只有5千米/秒～6千米/秒，这是远远

达不到要求的，航天器最后还会落回地面。因此就出现了多级火箭。通俗点解释，多级火箭就是把好几个单级火箭拼接在一起形成的，就像小朋友们平时玩的拼接玩具一样。但是，火箭身负着艰巨的任务，它必须要把航天器成功送进太空，才算完成了自己的使命。

多级火箭是怎么工作的呢？其实和单级火箭并没有太大的区别，只是各级火箭按顺序工作，一级火箭工作完毕后，和其他火箭分开，轮到下一级火箭工作。这种多级火箭的命名很简单，由几个火箭组成的就叫作几级火箭，比如，由三个单级火箭拼接而成的火箭就叫作三级火箭，由两个单级火箭拼接而成的就叫作二级火箭。

后来，航天事业工作者们基本上就不再使用单级火箭来运送航天器了，而是大都采用多级火箭，这是因为多级火箭有很多优点。多级火箭的出现，对航天事业的进步起了重要作用。多级火箭最大的优点是每过一段时间，就会抛弃无用的结构，这样，就不用消耗推进剂来带着无用的结构一同飞往太空了。所以，在增加推进剂的同时，抛弃掉不需要的部分可以使火箭拥有更快的速度，从而达到更大的运载能力。但是，科学家们不会盲目地增加火箭的级数，因为级数多了不仅费用增加，可靠性降低，还会导致火箭达不到最初的预想效果。总之，增加火箭的级数可以提高火箭的运载能力，但绝不是级数越多越好，还与很多因素有关系。也有科学家说过，虽然目前多级火箭是我们唯一的选择，但是，以后如果出现了更新型的燃料和材料，单级火箭运载航天器上空也将成为现实。

现在，小朋友们应该清楚了吧，采用多级火箭可以为运送航天器上太空提供更强的运载能力，使航天器进入轨道时获得更大的初始速度，从而进入预定的轨道。这样，在太空中就又多了一个为人类服务的航天器了。

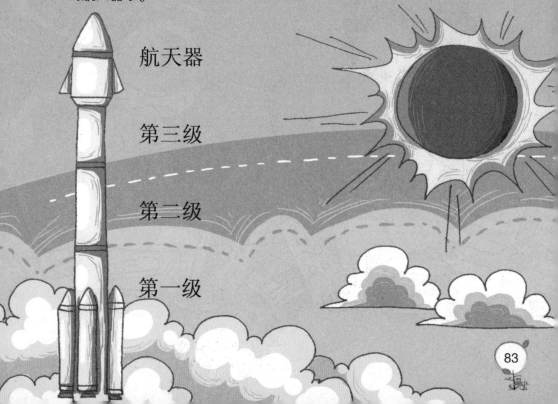

航天器

第三级

第二级

第一级

中国发射的第一颗卫星

1970年4月24日21时35分，我国第一颗人造卫星——"东方红一号"发射升空，并从太空中传回了《东方红》乐曲。

东方红一号的成功发射，标志着我国进入了太空时代，使中国成为继苏联、美国、法国和日本之后，第五个拥有研制和发射卫星能力的国家。

神舟九号飞船

2012年6月18日，神舟九号在酒泉卫星发射中心发射升空，并于下午2点左右完成对接工作。神舟九号飞船是中国航天计划中的一艘载人宇宙飞船，它在太空中的任务是完成与天宫号的对接，这也是中国航天史上具有重大意义的一章。

神舟七号为什么选择夜间发射？

小朋友们，你们知道2008年在中国航天史上发生的大事吗？在2008年9月25日21时10分，神舟七号飞船成功发射。对我们中华民族而言，这是值得铭记的一刻，因为我们首次把中国人的脚印印在了宇宙飞船舱外的浩渺宇宙中，这标志着中国航天事业所取得的又一进步。

神舟七号飞船是我国第三个载人航天器，由长征2F火箭运载升空，神舟七号飞船上载有三名宇航员，分别是刘伯明、景海鹏和翟志

刚。在太空中，翟志刚负责出舱作业，刘伯明在轨道舱内协助翟志刚在舱外的一系列工作，在他俩的精细合作下，完成了中国历史上的第一次太空行走，中国也成了世界上第三个有能力把地球人送上太空并进行太空行走的国家。

神舟七号的发射时间选择在晚上而不是白天，这里面有很多学问。你们知道吗？

最重要也最显而易见的一点是，选择晚上发射升空，有利于地面的光学设备跟踪目标。这其中的道理，想必小朋友们都知道。火箭升空时会拖着一条长长的火焰"尾巴"，在漆黑的夜空中很明显，一眼就可以看到；倘若在白天发射，由于受到强烈的太阳光的影响，即使火箭拖着一条发亮的"尾巴"，这条"尾巴"在天空中也很不明显，不便于地面的设备捕捉到目标。

　　除了这个最基本的原因，还和发射窗口的宽窄有关系。说到这里，小朋友肯定会好奇，发射飞船怎么还和窗口有关呢？窗口难道不是事先就建好的吗？的确，飞船的窗口事先就建好了，如果没有特殊情况，建好后是不会再改动的，况且，它的作用仅仅是可以让宇航员观看窗外的景致，对发射不会有影响。可见，我们这里所说的"窗口"当然不是大家所理解的窗口了。那到底是什么呢？

　　从航天飞船的制造到发射升空，是一项很庞大、很复杂的工程，飞船发射时机的选择要综合考虑各方面的因素，其中，气象因素往往是最关键的因素。在经过权衡分析后，科学家们才会确定一天中的某个时间段为航天飞船发射升空的时机，这个时间段就被称为"发射窗口"。小朋友们，现在你们知道了吗？"发射窗口"实际上指的是一个时间段。

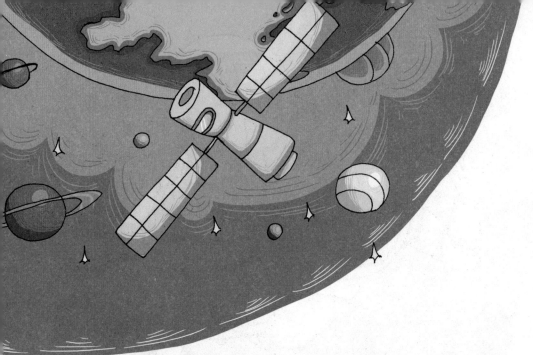

　　不仅在夜晚发射是经过考虑的，就连在9月底发射也是有所考虑的。受到地球公转的影响，在9月底发射飞船，能够保证宇航员上天后是在向阳的轨道上活动，可以避免因为太过黑暗带来工作上的不便，返回地球的时候，天还不是很黑，这样可以保证宇航员返回时的安全。如果选择在10月份，特别是10月中旬以后发射飞船，不仅发射窗口会很窄，不利于发射，日照变短也会影响宇航员返回时的安全，更重要的是10月份太阳活动比较剧烈，会对飞船的测控通信造成干扰。

　　神舟一、二、三、四号飞船选择在夜间发射主要考虑的就是地面的光学跟踪仪器易于捕捉到飞船的影子，而神舟五、六号飞船选择在白天发射，主要是为了保证飞船返回地球时也是白天，这有利于在紧急状况发生时宇航员的逃生和地面救援工作的展开。而神舟七号飞船选择在夜间发射则综合了上述主要因素，在不影响仪器跟踪效果的同时保证了宇航员返回地面时的安全。

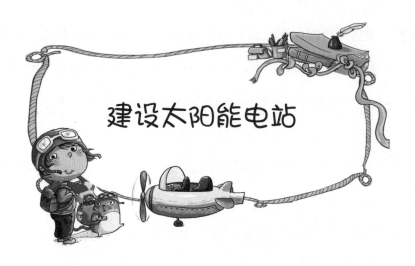

建设太阳能电站

　　大家都知道，地球上的资源越来越少，我们在节约资源的同时，还有一个更重要的任务，那就是找到其他的可再生能源。只有这样，人类才能世世代代地生活在地球上。近年来，我们也利用了很多其他的可再生能源，如风能、水能、潮汐能、太阳能等等。举个常见的例子，家里的太阳能热水器就是靠太阳光的热量来给水加热的。

　　你可不要以为太阳的能量只有加热水这么简单哦，太阳拥有巨大的能量，大到我们无法想象，是地球上能源的很多倍。太阳每秒钟发出的能量为3.86×10^{28}幂焦耳，相当于1016亿吨优质煤完全燃烧时释放

的能量。中国科学院国家天文台研究员邓元勇表示：如果把太阳每秒钟散发的能量提供给人类用电，仅中国人就可以使用100万年的时间。小朋友们，太阳的能量是很大的，如果人类能充分利用太阳的能量，也许我们面对的资源危机问题就可以缓解了。

地球从太阳得到的能量仅仅是太阳能量的22亿分之一，但是这22亿分之一已经非同小可了！如果在天上建造一个太阳能发电站，那么这个发电站每年可产生55亿亿度电。小朋友要问了，在地面上就可以把太阳能转换为电能，为什么还想着要到太空中去建造太阳能发电站呢？

原因是这样的：在地球上建造一个太阳能发电站有很多不利因素。例如，地球上同一个地方一年中只有一半的时间可以获得日照，

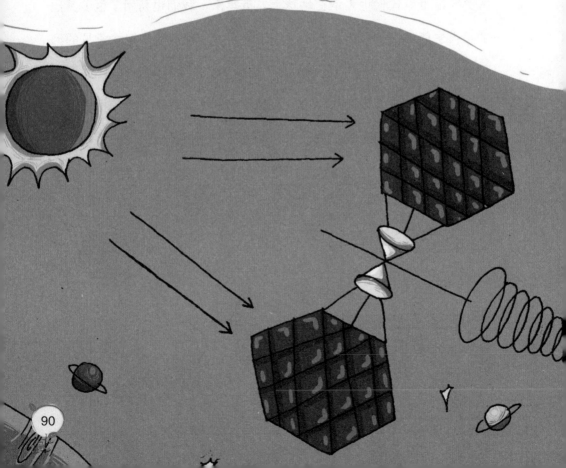

并且日照的程度也会因为天气情况的不同而改变。同时，由于风和重力的存在，使得建造一个超大的太阳能电池阵很不现实，还需要对设备进行定期清理，否则会影响运行效率。

于是，科学家们就想到在太空中建造一个太阳能电站，这样能够合理而充分地利用太空资源。虽然太阳能电站的电池阵始终对着太阳，但是由于当它绕着地球运转时，总有一段时间是处于地球的阴影中的，因此每年在春分、秋分前后的一段时间，发电站会因为接收不到太阳光而停止发电。总体说来，太阳能电站平均每天有99％的时间可以发电，又因为在太空中不会受到天气和尘埃的影响。所以，空间的太阳能电站与地面的太阳能电站相比，接收到的太阳能要高出6～15

倍。

早在1968年，美国科学家格拉赛博士就提出了建造太阳能发电卫星的设想，提出利用电池板把太阳的光能转化为电能储存起来，通过其他转换后发送到地球供人们使用。

建造一个太阳能发电站的工程十分浩大，需要用航天飞机把各个部件运到太空轨道上进行装配。首先要在500千米的近地轨道上建立空间基地，用来中转物资和人员，然后在36000千米的同步轨道上完成装配任务。据保守估计，这项任务的完成需要600多人工作半年。

美国已经把建造空间太阳能发电站作为这些年的目标之一，他们计划的发电站发电能力为5000兆，大约可供整个纽约使用，到2025年，利用太阳能发电站提供的能量可以供全国35％的地方使用。

除了直接利用太阳的光照，将其转换为电能，人们还想出了很多其他的办法来利用太阳能。1993年，俄罗斯"进步"号宇宙飞船携带了一面直径为22米的镀铝箔圆形反射镜上太空，在太空把它像伞一样打开后，它把太阳的光线反射到地球上4000米宽的背阳地区长达6分钟，反射到地面的阳光相当于日光的2～3倍。

科学家们做了一个简单的估计：建造一个空间太阳能发电站大约需要80万美元，但是节约的电费却高达3500万美元。由此看来，在资源日益枯竭的今天，建造一个空间太阳能发电站是一个不错的选择。

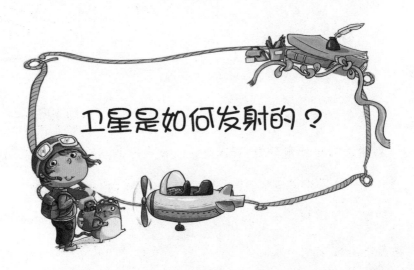

卫星是如何发射的？

小朋友们，你们知道吗？到现在为止，我国已经发射了上百颗卫星了。大家都知道，卫星是靠火箭运载上天的，发射卫星上天是件让人兴奋激动的事情，全国人民都在关注着国家的这一壮举。但是火箭又是如何发射的呢？让我们一起来看看吧！

首先，装有卫星的火箭被安装在发射台上，所有的准备工作都完

成后，按照倒计数程序进入最后的预备阶段。地面的控制中心会发出指令：9、8、7、6、5、4、3、2、1，发射！在听到"发射"指令后，工作人员就会命令第一级火箭的发动机点火，运载着卫星的火箭便会脱离发射架飞向天空，而且速度越来越快。地面上的人们只能看到火箭身后尾巴似的火焰越来越小，直至消失。

运载火箭在离开发射架进入天空后就进入了加速飞行阶段。在发射阶段，运载火箭要把所载的航天器送入预定轨道，它所飞经的路线叫作发射轨道。运载火箭的发射轨道一般分为三个部分，分别是：加速飞行段、惯性飞行段和最后加速段。从脱离发射架开始计时，10秒钟后，运载火箭开始按照预定的程序慢慢转弯。

火箭上升时并不是匀速的，而是加速上升，所以它的速度越来越

　　快。在发动机连续工作100多秒后，运载火箭就已上升到70千米左右的高空了，这时用肉眼根本就看不见火箭了，只有通过特殊的仪器才能看到火箭升空的实时状况。

　　火箭到达一定的高度后，第一级火箭发动机就会自动关机并和机身分离，从天空中掉下来。同时，第二级火箭发动机点火，给火箭提供一个更大的速度继续加速飞行。这时，火箭大概已经飞行了2~3分钟，到达了150~200千米的高空，基本上已经飞出了稠密的大气层。

　　接下来，在到达第二个预定的高度时，火箭就会按照既定的程序，抛掉火箭头的部分。然后，第二级火箭会像第一级火箭一样，发动机关机，和机身分离，掉落下来。第二级火箭分离结束后，加速飞行阶段也进入了尾声。这时，运载火箭的质量再次减少，获得更大的动能后，在地球引力的作用下开始进入惯性飞行阶段。

在惯性飞行阶段，运载火箭都是靠着之前提供的能量在地球引力的束缚下飞行，直到进入与预定的卫星轨道相切的位置时，第三级火箭发动机才会点火，进入最后的加速飞行阶段。第三级火箭点火，加速到预定的速度后，发动机就会自动关机，这时卫星会从火箭运载器中弹出，进入预定的卫星运行轨道。卫星进入轨道后，就会在万有引力的作用下继续绕着某颗星球运转，运载火箭的任务也就完成了。

小朋友们，读到这里，你们对卫星的发射是不是有了更清楚的认识呢？简而言之，卫星的发射升空主要分为三个阶段，在每个阶段都有发动机的点火加速，火箭为卫星提供了动力。

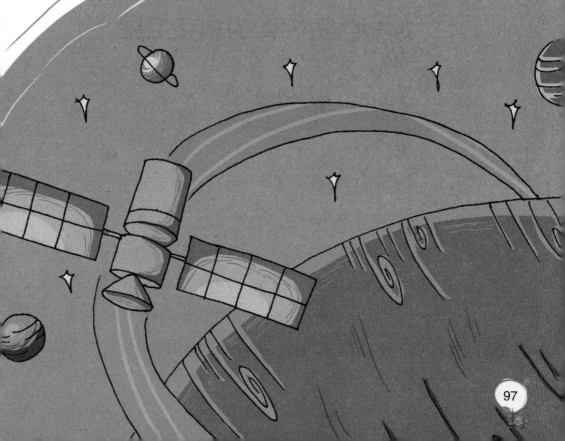

观测自然灾害的科技卫星

　　自然灾害主要是指因地球环境变化而发生的异常现象，可分为突发性自然灾害和渐变性自然灾害两大类。

　　突发性自然灾害有很多种，如我们所熟知的地震、火山爆发、海啸、暴雨、洪水、龙卷风、台风、干旱、山体滑坡、泥石流、地陷等等。这些自然灾害一般会在很短的时间内发生，如果具有一定的规模和强度，会产生巨大的破坏力，使大面积的地区陷入灭顶的灾难！

渐变性自然灾害也有很多种，如地面沉降、地下水下降、土地盐碱化、土地沙漠化、海岸线变化、臭氧层破坏、水体污染、水土流失等等，都是要在很长时间之后才逐渐显现的灾害。

自然灾害大部分是由地球环境变化引起的，但与人类不爱护环境，在生产生活中大肆地破坏自然环境有关。

总之，自然灾害给人类的生存带来很大威胁，给受灾地区带来巨大的经济损失。

目前，人类没有从根本上防范自然灾害的能力，但人类可以通过各种科技手段进行监控、预测，尽量在自然灾害发生之前，发出警报，制定出有效的抢救方案。也就是说，要做好灾前的防御工作。

由于自然灾害分布范围很广，包括海洋、陆地的地上和地下，发生时间、地点和规模等又具有不确定性、一定的周期性及不重复性。因此，如何进行有效的监测，也是一个很重要的问题。

目前最先进的办法是利用人造卫星。

人造卫星在高空飞行，居高临下，俯视面积大。据资料记载，一颗运行在赤道上空轨道的卫星，可覆盖地球表面面积1.63亿平方千米，比一架飞行在8000米的高空侦察机所覆盖的面积多5600多倍。因此，使用人造卫星对地球进行全方位观测是最好的。

人造卫星要用运载火箭发射到高空，使其沿着一定轨道环绕地球运行。人造卫星的外形千姿百态，有球形、多面形、圆柱形、棱柱形，还有的像哑铃、蝴蝶和大鹏鸟等。人造卫星上装有各种遥感仪器，依靠太阳能电池阵吸收太阳的能量供电。

用于地球环境监测的各种人造卫星，会对地球环境进行持续不断的监测，卫星会把收集到的数据，传送到地面上的工作站，然后由科研部门的专家进行分析，写出相应的报告，对地球环境的变化趋势、

自然灾害发生情况的监测和分析以及资源的分布与利用情况的调查等方面做出评价。

例如，气象卫星。我国在20世纪70年代开始发展气象卫星，目前已发射了7颗气象卫星，分别实现了极轨卫星和静止卫星的业务化运行，是继美国、俄罗斯之后第三个同时拥有极轨气象卫星和静止气象卫星的国家。

在世界气象组织（WMO）的协调和管理下，世界各国已经实现了气象观测资料的交换和获取全球气象观测资料的目的。在WMO的协调下，世界各国的业务气象卫星探测系统组成了天基探测系统。

中国的业务气象卫星风云一号（与风云三号）和风云二号已经成为全球业务气象卫星探测系统的重要成员。它们在覆盖范围和分辨率上相辅相成，是中国获取全球资料和满足区域灾害性天气和环境监测、气象服务和地球系统科学研究的重要工具。

人类能够圆 "移民月球" 之梦吗？

小朋友们，你们有没有想象过自己以后居住在月球呢？在你们看的科幻动画片中，有没有关于月球探险的呢？我想答案是肯定的。那么，小朋友们，你们知道月球是什么模样吗？月球适合人类居住吗？月球上有没有足够的水和空气供我们使用呢？有没有足够的食物来维持我们的生命？虽然所有的疑问都还没有得到肯定的解答，但是伟大的科学家们在对月球的研究上早就取得了突破性的进展，下面我们就一起来看看 "移民月球" 的相关资料吧！

物理学家斯蒂芬·霍金曾经作出这样的预言："只要人类被困在一个独一无二的行星上，人类的长期生存就处在危险中。小行星撞击地球和核战争等威胁迟早会将我们消灭殆尽。如果我们向太空扩展并建立自给自足的聚居地，我们的未来应该是安全的。"看来，在很远很远的未来，人类也许就不在地球上居住了，他们离开地球很重要的一个原因是地球上资源的枯竭。说到这里，小朋友们，我们是不是应该从小就树立起保护地球、节约资源的意识呢？如果资源被用尽了，而人类还没有找到适合人居住的星球，那么，人类就真的要灭亡了。

关于以月球作为新的家园的计划，科学家们提出了好几种设想。最有创意的是美国科学家约翰·德尼克和斯坦利·扎恩的一种地下月球基地设计：在月球的地下建一个1300平方米大的屋子，它可以供21人居住，利用月球表面的土壤来抵挡辐射。小朋友们，这像不像古代的原始居民居住在地洞里呢？最宏伟的设想是休斯敦航天中心提出的，他们计划用21根直径6米、长18米的管道，组成3个等边六角形，

六角形中再建立一个18米高的巨大圆舱，人员和设备皆可容纳在管道或圆舱中。这样一来，我们生活的圈子就不再是地球这样一个大球体了，而是生活在由管道组成的六角形中。小朋友们，你们能想象它的样子吗？最现实的设想是由美国提出的，他们计划在2020年登上月球，在月球上进行实地考察，并确定基地的位置，然后通过飞船向月球运送电力、探测车和生活舱等必需品，最后在月球上建立起永久性基地。如果基地能够顺利建设成功，就可以让人类在月球上连续生活6个月。小朋友们，你们不是也经常幻想自己能在月球上居住吗？但是现在这个计划还没有实现呢！所以我们要认真学习科学知识，说不定以后就可以作为宇航员登上月球，一睹月球的芳容呢！

最省事的设想是由日本提出的，日本的机器人技

术在世界上处于领先地位，他们想让机器人代替人类先进驻月球。这种机器人可不简单呢，它们基本上可以模拟人类的一切操作，包括上螺丝钉这样的精细活儿。小朋友们，你们没想到机器人还能干这种精细活儿吧？其实，机器人还可以完成穿针引线之类的高难度动作，你更没有想到吧？

光有美好的设想是不够的，如果月球的资源条件本来就不适合人类居住，那么，我们再努力也是徒劳的。所以，科学家对月球进行了很多次考察，主要利用卫星拍摄的高清图片，以及机器人登陆月球带回来的资料等来探索月球、解密月球。科学家们陆续提出了很多问题，包括月球上有没有冰、失重问题、月球

的尘土问题等。

　　我们都知道，水是生命之源，没有水，就没有生命的存在。月球上是没有水源的，把地球上的水运到月球上也是不可能的，如果能在月球上找到冰或者由和水一样的化学元素组成的物质，也许水的问题就解决了。关于这个问题，科学家们还在进一步的探索中。

　　在"阿波罗"登月计划中，宇航员只进行了三次太空行走，就发现宇航服被月球上的尘土损坏了，吸入月球尘土还会使宇航员患上硅肺癌，很多送入月球的机器也因为月球上的尘土而无法正常工作。与

地球上的尘土相比，月球尘土真的很可怕，竟然能损坏宇航服，也许还会对人类的皮肤有影响呢。如何解决月球尘土的问题也是科学家们面临的一个棘手的难题。

　　有这样一个有趣的假设，如果足球运动员在月球表面踢球，他们用同样大小的力气踢球，球就有可能飞出在地球上的6倍远，所以月球上的足球场应该有地球上的6倍之大。因为月球上没有大气阻力，所以在月球上踢球要格外精准，稍不小心就可能导致数十米的偏差。最有趣的是裁判了，他或许应该换一种方式来提醒球员，因为他用再大的劲吹哨也没用，球员们根本就听不见，他只能通过无线电才能指挥球员。除此之外，每个运动员还要穿上月球服，佩戴一系列供氧设施才行，这无疑会给运动员们带来很大的不便。目前看来，想要在月球上举办一场足球比赛还真是难啊！

虽然目前对月球的探索遇到了一系列的瓶颈，但是科学家们还在不断地努力。小朋友们，我们要对科学家们充满信心，有了他们的不懈努力，未来人类迁往月球也不是不可能的。当然，我们不能因为想着以后要离开地球而不爱护地球，保护地球是我们每个人义不容辞的责任与义务，我们应该从现在做起，从身边的小事做起，树立起保护环境、爱护地球的正确意识。

保护地球　　　月球

"阿波罗"登月计划

1969年7月16日，"土星5号"火箭载着"阿波罗11号"飞船，在美国的肯尼迪角发射场点火升空，翻开了人类首次登月的第一页。美国宇航员尼尔·阿姆斯特朗、巴兹·奥尔德林、迈克尔·科林斯承载着全人类的梦想登上了月球表面。这是人类在月球探索方面迈出的里程碑式的一步，见证了登月梦想的实现。

大气阻力

空气对物体运动的阻碍，是运动的物体受到空气的弹力而产生的。换言之，所有在空气中运动的物体都会受到空气阻力的作用。空气阻力可以使物体运动的速度变慢，很多地方都利用了空气的阻力，比如说降落伞，正是利用空气阻力的作用，使人或物能从空中安全降落到地面。如果没有空气阻力的作用，我们扔一个东西时，它很可能会一下子飞很远，像足球运动员在月球表面踢球一样。

为什么月球车能在月球上行驶？

小朋友们，你们还记得牛顿的故事吗？当年，牛顿坐在一棵苹果树下，被一个落下的苹果狠狠地砸中了脑袋，牛顿并没有觉得懊恼，

反而一直在想这个苹果为什么会掉下来，它为什么不往天上飞呢？后来，经过认真地钻研，牛顿终于发现了万有引力定律，解释了苹果为什么会落到地面上，也解释了人为什么可以稳稳地站在地球表面。

近年来，人们对月球的研究和探索又翻开了新的一页，甚至已经派出了宇航员到月球上进行考察。目前，在对月球表面进行研究时，会普遍用到一种工具——月球车。月球车是在月球表面行驶并对月球进行考察，同时收集和分析样品的专用车辆，它分为有人驾驶和无人驾驶两种，这两种月球车都装备太阳能电池和蓄电池。无人驾驶的月球车可以根据接收到的地球上的遥控指令，在崎岖不平的月球表面行驶。有人驾驶的月球车则由宇航员驾驶着在月球表面行走。使用月球车可以扩大宇航员的活动范围，便于开展更多的科学考察活动。

大家都知道，人能够稳稳当当地站在地球表面，是因为受到了万

有引力的影响。每个星球都有个引力系数，月球的引力系数和地球的引力系数不一样。那么，月球车又为什么能在月球表面行走呢？它为什么不会从月球上掉下来呢？小朋友们，现在就让我们来研究研究月球车吧。

　　月球车一旦被送上天后，就不可能再进行维修，所以对月球车的技术要求很高。通过总结多年来各种卫星研制的经验，我们的月球车成功地克服了低重力的障碍。月球表面的重力只有地球的六分之一，很多在地球上依靠重力完成的机械动作，在月球上并不能正常完成。在地球上所受重力为500牛的东西，到了月球上，所受重力只有80牛。而且，月球表面的泥土非常松软，月球车在月球表面行进时的速度会降低。所以，月球车的轮子设计也很特别，可以完成前进、后退、转弯、爬坡等动作。

月球上的环境和地球大不一样，月球车想要在月球表面行驶，除了要能适应月球的低重力以外，还有很多其他的要求。具体要求有哪些呢？

首先，在月球表面，月球车会受到和地球上不同的辐射，这些辐射的能量和强度各不相同，所以制造月球车所使用的材料都是对辐射很敏感的。其次，在月球表面运动，也就是在真空环境中运动，真空环境下声音是不能传播的。我们的月球车就是一个高智商的机器人，有独立应付各种环境的能力。在监测了周围的环境之后，月球车会在"大脑"中形成立体的地形图，以方便它做出下一步决策。最后，还需要克服的一个问题是月球上的极端温度，月球表面的温差超过了300摄氏度，最高时达150摄氏度，最低时可能低至 – 180摄氏度。这对航天

器来说是很严酷的环境，月球车必须克服这一难题，所以在月球车的材料这一关，科学家们把关很严，必须要用特殊材料制作轮胎，这样才能有效防止轮胎的老化。

虽然我们已经掌握了制造月球车的核心技术，但是一辆月球车的诞生并不是那么简单：月球车造好以后，不能马上发入太空投入使用，在它进入太空之前要经过重重考验，要在仿月球表面的环境下进行工作测试，只有出色地完成了这些测试，才能算合格的月球车。小朋友们，你们看，这像不像选拔高级人才的过程呢？

小朋友们，月球车可不简单哦，它不仅是一辆可以在月球上行走的车，更是一个很聪明的智能机器人，可以独立完成很多工作。所以，在探索月球的奥秘时，它可是人们不可多得的好帮手，不是吗？

月球上的时间

有了地球的自转，才有了白天和黑夜的交替，同样，在月球上，月球的自转也带来了昼夜的变化。不同的是，月球上一天的时间，大约相当于地球上的27天多一点，因此，月球昼夜间隔大约相当于地球上的14天。

声音的传播

声音能在空气中传播，是因为空气是介质，它能为声音的传播提供条件。声音不能在真空中传播，是因为真空中没有介质，即使你发出再大的声响，对方也是听不见的。而光、电磁波等就不一样了，它们的传播不需要介质，所以在真空中也能传播。

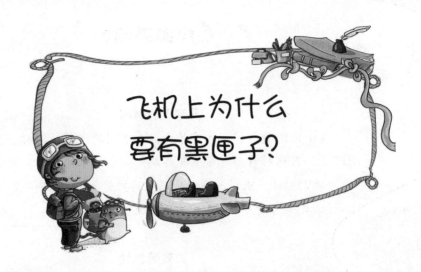

飞机上为什么要有黑匣子?

小朋友们，你们坐过飞机吗？坐在飞机上，看着地面上的东西越来越小，是不是感觉很神奇？再看看机窗外，处身于那似乎伸手可触的白云之间，幻想自己像孙悟空那样腾云驾雾，感觉很美妙吧？小朋友们，你们听说过飞机上的"黑匣子"吗？没有听说过也无妨，下面，我就带领大家来认识认识这位"黑匣子先生"。

空难的发生是所有的航空公司都可能要面临的问题，很多国家和地区都发生过飞机失事的悲剧。人们在救援时，还关注着一种很重要的仪器——黑匣子，黑匣子的作用就是告诉我们飞机失事的原因。

黑匣子之所以被称作黑匣子，并不是因为它是一个黑色的盒子。实际上，黑匣子通常是橙红色的，因为它能帮助人们破解飞行事故发生的原因，才被人们称为"黑匣子"。

黑匣子是一个长方体的盒子，大概有四五块砖头垒起来那么大。盒子里装的是一些电气元器件，这些电气元器件的作用就是收发信

息。在飞机飞行的过程中，黑匣子里面的传感器能将所收集到的各种信息及时接收下来，并自动转换成相应的数字信号持续进行记录。当飞机失事时，黑匣子里的另外一个元件——紧急定位发射机就会自动向四面八方发射特定频率的无线电信号，接收到这个无线电信号，人们就可以准确判断出失事飞机所处的方位，便于救援工作的展开。小朋友们，你们看，黑匣子是不是拥有一个聪明的大脑啊？发生危险后，它能自动发射出求救信号，帮助遇难的人们。早在1974年的时候，就有一架波音707失事后坠入海底，搜救人员就是靠着黑匣子发出的无线电信号才找到失事的飞机的。但是，黑匣子是靠电力来维持工作的，一旦电池用完，黑匣子就不会再发出信号，也就失去了它本来的作用。

　　每架飞机上通常有两个黑匣子：一个用来记录飞机的各种飞行数据，比如飞行姿态、飞行轨迹、飞行速度、加速度以及飞机在飞行过程中遇到的各种外力等；另一个用来记录机组人员和地面人员之间的通话以及驾驶舱内的各种声音。飞机从起飞到降落过程中的各个阶段发出的声音都逃不过黑匣子灵敏的"耳朵"。黑匣子所记录的这些数据都可以用来鉴别和判断飞机的飞行情况，给人们提供飞行研究的依据，使人们能够对事故发生的原因做出正确的判断。

　　因为黑匣子很重要，所以有关部门还制定了有关黑匣子的标准。它必须由特殊的材料制成，因为飞机失事后经常会有失火的情况，如果黑匣子被烧掉了，就不能给研究人员提供有关飞机的信息了，所以，制作黑匣子的材料要求很严格，不仅要防火、耐高温，还要耐

压、耐冲击振动、耐海水（或煤油）浸泡等。这样，即使遇到了特殊情况，黑匣子也能够把已经保存好的信息完整无缺地交给工作人员。

　　小朋友，你了解到黑匣子的重要性了吧？它不仅拥有很好的记忆力，还有很好的听力。如果飞机上没有了黑匣子，就相当于少了一个很重要的安全保障，万一出了什么事故，人们就不能准确快速地找到出事的方位，这就大大影响了救援工作的展开。所以，黑匣子是飞机上必不可少的装备。有了它，我们才可以放心地飞行。